高职高专“十三五”规划教材
（绍兴市级重点教材）

光通信线路工程实训教程

寿文泽　马列　盛国　编著

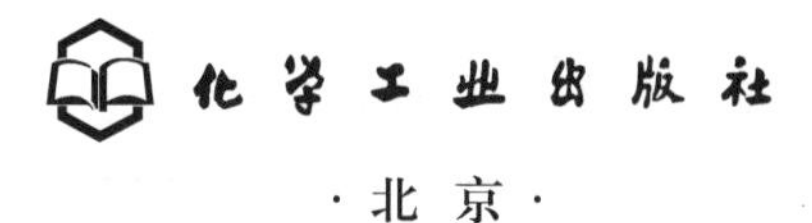

·北京·

本书主要围绕光通信线路工程施工与维护实训任务组织编写，教学中可根据需要选用相关的实训任务。全书共分四章，第一章为杆路建筑实训，第二章为光通信线路常用仪表的使用，第三章为光通信线路工程实训，第四章为光通信线路维护实训。本书共选取了常用的19个实训项目，内容包括：杆路测量，人工立杆、埋设拉线地锚，脚扣、竹梯登高，拉线上把制作，终端拉线与吊线的安装，架空光缆的敷设，光源与光功率计的使用，光纤识别仪的使用，OTDR的使用，光纤熔接机的使用，光缆路由探测仪的使用，接地电阻测试仪的使用，管道光缆的敷设，光缆接续，光缆交接箱成端安装，光缆ODF架成端安装，光缆分纤箱成端安装，架空杆路、管道安全巡查与标牌安装，光缆带业务割接。每个工作任务中都有知识准备模块，为完成任务提供知识准备。

本书可作为高职高专院校，以及中职、技师学校通信类相关专业的教材，也可作为职业培训用书。

图书在版编目（CIP）数据

光通信线路工程实训教程/寿文泽，马列，盛国编著．—北京：化学工业出版社，2020.2（2025.1重印）

高职高专“十三五”规划教材

ISBN 978-7-122-35826-4

Ⅰ．①光… Ⅱ．①寿…②马…③盛… Ⅲ．①光通信-通信线路-高等职业教育-教材 Ⅳ．①TN929.11

中国版本图书馆CIP数据核字（2019）第275552号

责任编辑：王听讲　　装帧设计：韩　飞

责任校对：张雨彤

出版发行：化学工业出版社（北京市东城区青年湖南街13号　邮政编码100011）

印　　装：北京天宇星印刷厂

787mm×1092mm　1/16　印张9½　字数235千字　2025年1月北京第1版第4次印刷

购书咨询：010-64518888　　售后服务：010-64518899

网　　址：http://www.cip.com.cn

凡购买本书，如有缺损质量问题，本社销售中心负责调换。

定　　价：35.00元

前　　言

高等职业教育培养的是应用型高级技术人才，培养具备基础理论知识、高技能、高素质的毕业生是高职高专院校教学的核心任务。光通信线路实训是光通信技术专业的一门专业核心课程，也是其他相关专业的一门专业支撑课程。《光通信线路工程实训教程》编写的目的是使学生在掌握光通信线路施工技术相关理论的基础上，掌握光缆线路杆路测量、光缆敷设、光缆接续与测试、光通信线路常用仪表及测试、光缆线路成端、光缆线路割接等相关职业技能，达到本专业学生应具备的光通信线路工程施工与维护岗位的职业能力要求，通过理论实践一体的教学，培养学生分析问题与解决问题的能力。

本书主要围绕光通信线路工程施工与维护实训任务组织编写，教学中可根据需要选用相关的实训任务。全书共分四章，选取了常用的 19 个实训项目，内容包括：杆路的测量，立杆、埋设拉线地锚，脚扣、竹梯登高，拉线上把制作，终端拉线与吊线的安装，架空光缆的敷设，光源与光功率计的使用，光纤识别仪的使用，OTDR 的使用，光纤熔接机的使用，光缆路由探测仪的使用，接地电阻测试仪的使用，管道光缆的敷设，光缆接续，光缆交接箱成端安装，光缆 ODF 架成端安装，光缆分纤箱成端安装，架空杆路、管道安全巡查与标牌安装，光缆带业务割接。每个工作任务中都有知识准备模块，为完成任务提供知识准备。

学生通过本书实训内容的锻炼，将进一步提高综合实践能力和应用能力，养成良好的职业素养、敬业精神和团队协作意识，为将来从事光通信线路工作奠定扎实的专业基础。

本书选材广泛，图文并茂，条理清晰，淡化理论、突出实践，并充实了新知识、新技术、新设备、新方法。书中有学生实训质量要求与评价标准，适合项目教学法、任务驱动法的教学需要。

本书由浙江邮电职业技术学院寿文泽、马列和盛国编著，具体编写分工如下：第一章实训任务一～实训任务三及实训任务五、实训任务六，第二章实训任务一～实训任务五，第三章实训任务一、实训任务二及第四章内容由寿文泽编写；第一章实训任务四，第二章实训任务六，第三章实训任务三、实训任务四由马列编写；盛国编写了第三章实训任务五。全书由寿文泽统稿。我们在本书编写过程中，参考了通信线路工程与施工相关的资料，在此，对资料作者表示诚挚的谢意。

由于编者的水平所限，书中不妥之处在所难免，恳切希望专家学者和读者不吝指教。

编著者

2019 年 11 月

目　录

第一章　杆路建筑实训 …… 1

实训任务一　杆路测量实训 …… 1

实训任务二　人工立杆、埋设拉线地锚 …… 7

实训任务三　脚扣、竹梯登高 …… 21

实训任务四　拉线上把制作 …… 25

实训任务五　终端拉线与吊线的安装 …… 32

实训任务六　架空光缆的敷设 …… 49

第二章　光通信线路常用仪表的使用 …… 57

实训任务一　光源与光功率计的使用 …… 57

实训任务二　光纤识别仪的使用 …… 60

实训任务三　OTDR 的使用 …… 61

实训任务四　光纤熔接机的使用 …… 83

实训任务五　光缆路由探测仪的使用 …… 96

实训任务六　接地电阻测试仪的使用 …… 99

第三章　光通信线路工程实训 …… 105

实训任务一　管道光缆的敷设 …… 105

实训任务二　光缆接续 …… 114

实训任务三　光缆交接箱成端安装 …… 123

实训任务四　光缆 ODF 架成端安装 …… 127

实训任务五　光缆分纤箱成端安装 …… 130

第四章　光通信线路维护实训 …… 134

实训任务一　架空杆路、管道安全巡查与标牌安装 …… 134

实训任务二　光缆带业务割接 …… 137

参考文献 …… 147

第一章

杆路建筑实训

本章介绍杆路建筑相关实训项目，包括杆路的测量、立杆、埋设地锚，脚扣、竹梯登高、拉线上把制作、拉线与吊线的安装，架空光缆的敷设等。

知识目标	能力目标
◆ 理解线路测量的原理 ◆ 熟悉电杆的类型及用途 ◆ 熟悉立杆的技术标准 ◆ 掌握立杆的安全操作规程 ◆ 熟悉埋设地锚的技术规范 ◆ 掌握脚扣、竹梯登高安全操作规程 ◆ 了解拉线上把制作方式 ◆ 熟悉吊线安装的技术规范 ◆ 熟悉架空光缆敷设的技术规范	◆ 能用标杆测量线路直线、各种拉线方向 ◆ 能根据【任务描述】进行立杆 ◆ 能根据【任务描述】进行地锚埋设 ◆ 能规范地进行脚扣、竹梯登高 ◆ 能完成拉线上把制作 ◆ 能在杆路上完成吊线安装 ◆ 能利用滑板进行架空光缆的敷设

实训任务一 杆路测量实训

杆路测量是架空通信线路施工的主要工作。本节是对杆路测量项目进行实训。

【任务描述】

① 杆路的路由位置测量。
② 三方拉线位置测量及拉线洞位置测量。
③ 四方拉线方位的测量。
④ 角杆的测量。

【实训目的】

① 熟练掌握杆路位置、三方拉线位置及拉线洞位置测量的方法和要求。
② 熟练掌握角深的测量方法和要求。

【知识准备】

1. 拉线的方向性原理

线路中的角杆由于承受不平衡的拉力，所以必须用角杆拉线加固以使电杆受力平衡，角杆拉线的方向是内角角平分线的反向延长线方向；直线路由上的电杆也会受到风的侧压或冰雪等负荷，因而必须每隔若干电杆用双方、三方或四方拉线予以加固，以防电杆倾倒，双方拉线的方向是与线路直线方向垂直的；三方拉线有T形和Y形二种，T形三方拉线是在双方接线加上一条与线路同方向的顺拉线组成的，如图1.1(a)所示；Y形三方拉线互成120°角，其中有一条与线路同方向，如图1.1(b)所示；四方拉线是由双方拉线加上两条与线路同方向的顺拉线组成的。终端杆在线路侧会受到线路的负荷所产生的拉力，为了电杆受力平衡，终端杆会安装终端拉线，其方向是线路的反方向。

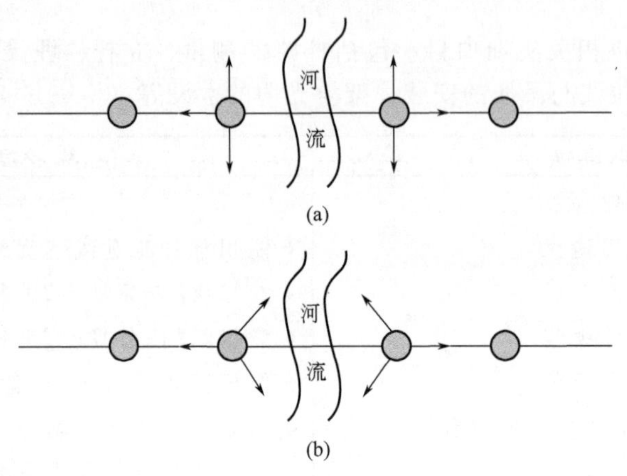

图1.1　三方拉线示意图

2. 标杆直角测量的基本原理

架空线路的测量，一般都用标杆直角测量，个别地点用仪器测量；地下管道的测量以仪器为主，但也少不了标杆直角测量。因此，标杆直角测量是线路测量的基本方法。标杆直角测量的原理如下。

通过已知直线上的任一点找出其垂线的作法称为作直角。直角测量常用等腰三角形法和勾股定理法两种方法，如图1.2所示。

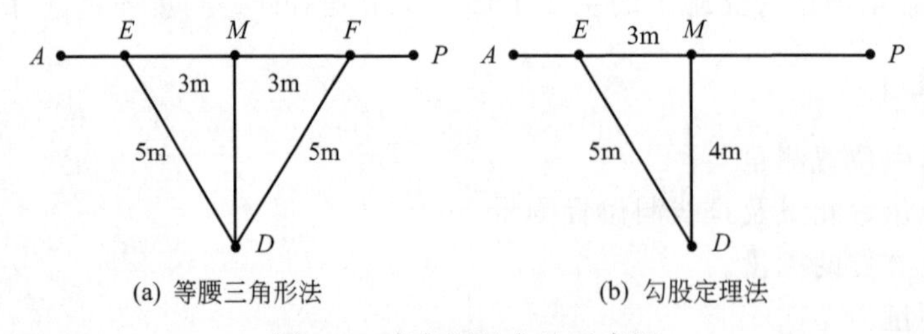

图1.2　直角测量方法示意图

(1) 用等腰三角形作直角的方法，如图1.2(a)所示。在M点作AP直线的垂直线时，首先在M点的两侧沿AP直线各取3m处，分别插E、F杆（根据经验，3m为远近适宜的距离，不取3m也可，但要使$ME=MF$）。然后，把皮尺的0与10m处分别固定于E、F点；另一人将皮尺的5m处沿地面向外拉紧得D点，并在D点处插一标杆，则DM垂直于AP（皮尺的长度不一定等于10m，但应比EF长度大得较多为宜）。

(2) 用勾股定理作直角的方法，如图1.2(b)所示。根据勾股弦定理，分别为3、4、5所构成的三角形为直角三角形的定理来作直角的测量方法，称为勾股定理法。在图中，在

M 点作 AP 直线的垂直线时，先在 AP 直线上距 M 点 3m 处插 E 杆，放出 12m 长的皮尺，将皮尺的 0、3m、12m 三处分别固定于 M、E、M 点；另一人将皮尺的 8m 处向外拉紧得 D 点，并在 D 点处插一标杆，则 DM 垂直于 AP。

【实训器材】

1. 实训工具

50m 和 20m 皮尺各 1 个，2m 标杆若干根，标桩 3 个，榔头一把，绘图工具及记录纸、笔 1 套。

2. 实训设备

激光测距仪 1 台。

【任务实施】

杆路测量的方法与步骤如下。

1. 直线段的测量

（1）插立大标旗。在进行直线测量时，首先应在前方插立大标旗以指示测量进行方向。大标旗应竖立在线路转角处。如直线太长或有其他障碍物妨碍视线时，可以在中间适当增插一面大标旗。大标旗应尽量竖立在无树林及建筑物等妨碍视线的地方，插牢于土中并用三方拉绳拉紧，保持正直，以免被风吹斜，产生测量误差。沿路由插好 2～4 面大标旗后，应等到丈量杆距的人员测到前方第一面大标旗后，才可撤去大标旗，并传送到前方，继续往前插立。大标旗插好后即可进行直线的测量。

（2）直线段线路的测量。直线段线路的测量如图 1.3 所示。

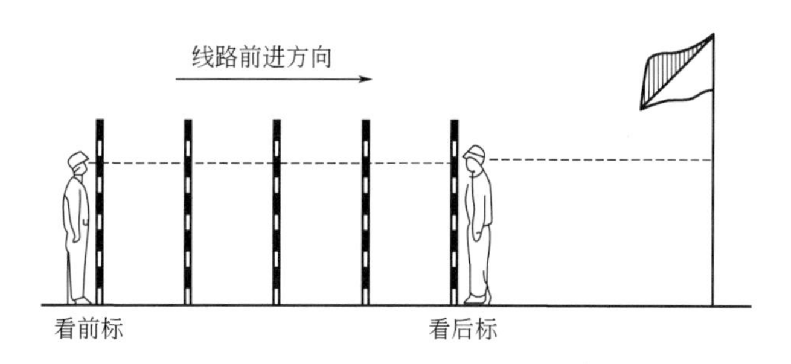

图 1.3　直线段线路的测量示意图

① 在起点处立第一标杆，两人拉量地链丈量一个标准杆距，由看后标人在前链到达的地点立第二标杆。

② 看前标人从第一标杆后面对准前方大标旗，指挥看后标人将第二标杆左右移动，直到三者成一条直线时插定。同时量杆距人员继续丈量第二个杆距。

③ 看前标人仍留在第一标杆处对准大标旗，指挥看后标人将第三标杆插在直线上。看后标人自第三标杆向第一标杆看，使第一、第二、第三标杆在一条直线上，以便相互校对，但以看前标人为主（下同）。同时，量杆距人员继续向前丈量第三个杆距。

④ 看前标人继续指挥插好第四标杆，使其与后面的三根标杆及大标旗成一条直线；而看后标人则自第四标杆向第一、第二、第三标杆看应在一条直线上，以相互校对。当前后标

都看在一直线上时，第四标杆的位置即可确定。

⑤ 看前标人在指挥插好第四标杆后，就可前进到第三标杆处，继续指挥插好第五标杆，使与第四标杆和大标旗成一条直线。照此继续下去，看前标人与看后标人之间始终保持三根以上标杆距离。

⑥ 插好第五或第六标杆后，打标桩人员可以将第一标杆拔去，在标杆的原洞处打入标桩，并照此继续进行下去。

直线线路测量中若遇到障碍物而影响看标视线，如高坡或低洼地形，可通过插标方法进行测量。如图 1.4 所示，由 A、B 标杆与 D、E 引标杆成直线，引标杆插定之后，C 标杆通过 D、E 引标杆使之成直线，即完成 A、B、C 三主杆的直线测量，测量登记员应随时登记测量登记表。

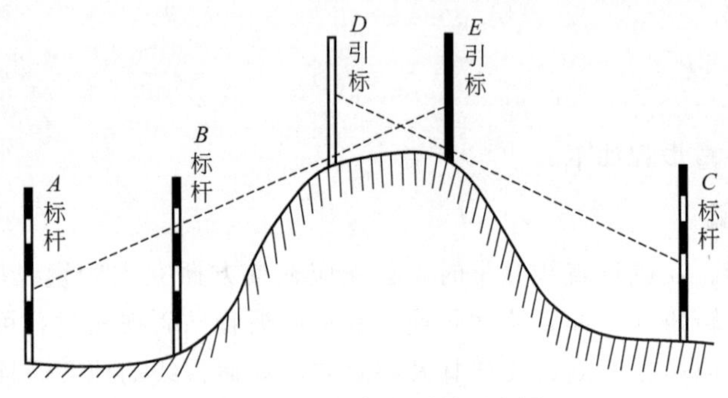

图 1.4　插标方法测量示意图

2. 拉线位置的测定

（1）角杆拉线方向的测定。角杆拉线方向的测定方法如图 1.5 所示，在 A 杆处，用看标杆的方法在 AC、AB 的直线上分别测得 E、F 点，使 $AE=AF=3$m，在 E、F 点各插一根标杆，把皮尺的 0、12m 处分别固定于 E、F 点；另一人捏紧皮尺的 6m 处向转角外侧拉紧而得 D 点，并在该点插一根标杆。则 AD 即为角杆拉线的方向。

（2）双方拉线（抗风拉线）方向的测定。双方拉线的测量如图 1.6 所示。图中 A 杆为需要装设双方拉线的电杆。在 AC、AB 的直线上分别测得 E、F 点，使 $AE=AF=3$m，在 E、F 点各插一根标杆，把皮尺的 0、10m 处分别固定于 E、F 点；另一人捏紧皮尺的 5m 处依次向线路两侧拉紧分别得 D、G 两点，并插上标杆，则 AD 和 AG 便是双方拉线的方向，并且 D、A、G 三点应在一条直线上。

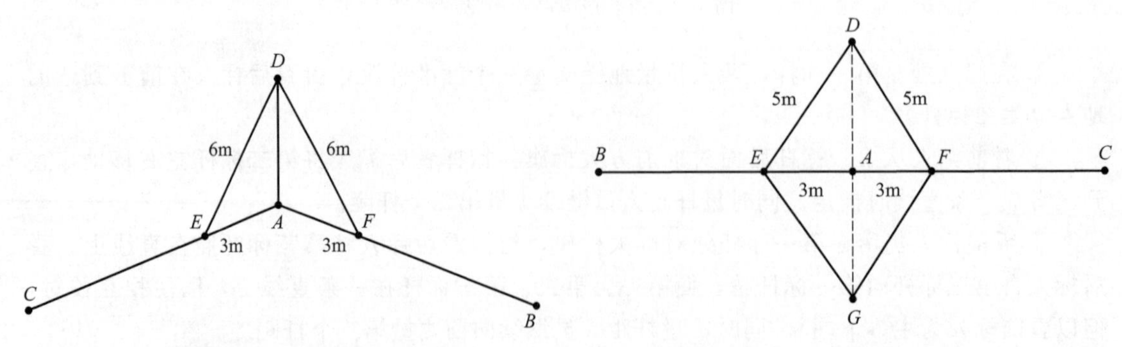

图 1.5　角杆拉线方向的测定示意图

图 1.6　双方拉线的测定示意图

（3）三方拉线方向的测量。三方拉线主要用于跨越杆（如跨越河流、铁路等），可采用

Y 形或 T 形三方拉线。

Y 形三方拉线方向的测量如图 1.7 所示，A 杆为需要装设三方拉线的电杆。在 AC 直线上测得 G 点，并使 AG＝3m；将皮尺的 0、6m 处分别固定于 A、G 两点；另一人捏紧皮尺的 3m 处依次向线路的左右两侧拉紧分别得 E、F 两点，并插上标杆；再在 AB 直线上测得 D 标杆，则 AD、AE、AF 便是三方拉线的方向，其中，AE、AF 在跨越侧，AD 在跨越的反侧。AE、AF 垂直于 DAC 直线的为 T 形三方拉线，可采用直角的方法测量。

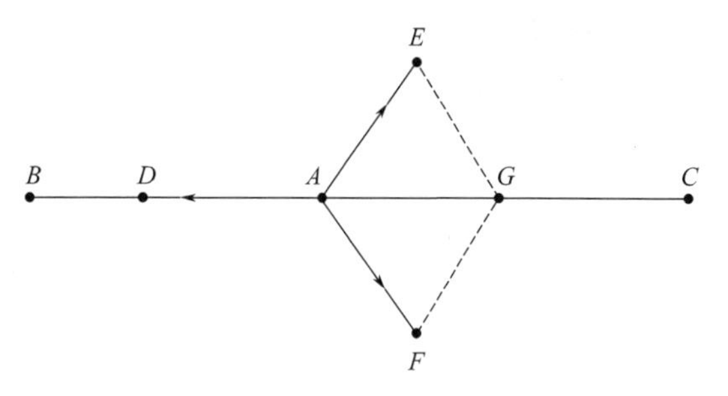

图 1.7　Y 形三方拉线方向的测量示意图

（4）四方拉线方向的测量。四方拉线也称为防凌拉线，由双方拉线和两条顺线拉线组成。双方拉线方向的测量同前；顺线拉线因在线路直线上，可用测量直线的方法测得。

（5）拉线洞出土点位置的测定。架空光缆的第一个抱箍离杆顶距离为 50cm，拉高从此点开始算起。拉线出土位置，在较平坦地区可按距高比为 1 确定，即拉距等于拉高，地形起伏不平的地方，应根据具体地形测定。图 1.8 所示为各种情况下的拉线出土位置。图 1.8(a) 所示为平坦地区的拉线情况，B 为出土位置，拉高 $AP=AB$；图 1.8(b) 为上坡地段的拉线情况，B 为出土位置，$AP=AD+BD$；图 1.8(c) 为起伏不平地段的拉线情况，AP 为拉高，先用皮尺沿拉线方向从电杆根部水平拉出杆距并与标杆交于 D 点，此时 $AD=AP$，但此点离地面较高而不能作为拉线出土位置，需从标杆开始再向前丈量，使 $BC=CD$，B 即为出土点的位置。

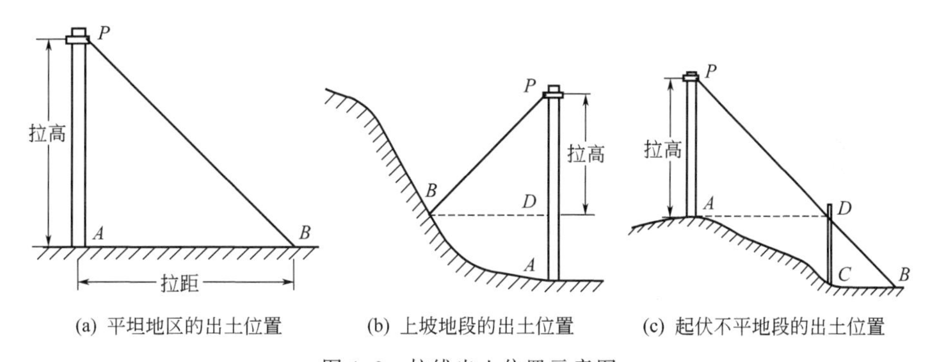

图 1.8　拉线出土位置示意图

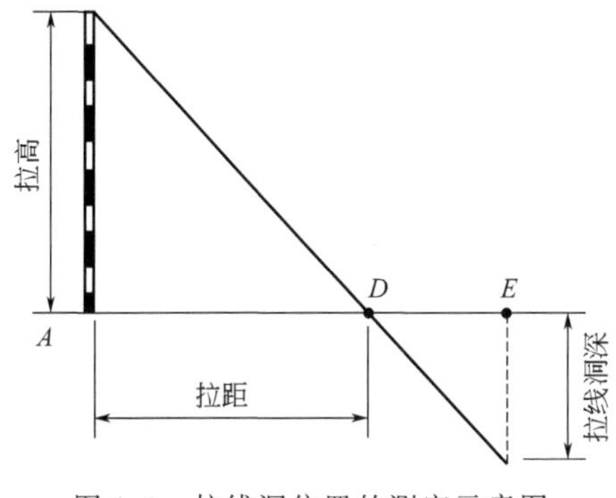

图 1.9　拉线洞位置的测定示意图

（6）拉线洞位置的测定。拉线洞位置的测定与拉线的距高比、拉线的洞深有关。拉线洞位置的测定如图 1.9 所示。根据相似三角形原理，可得拉线出土到拉线洞的距离 DE 为：

$$DE=\text{拉线洞深}\times\text{距高比}$$

所以，电杆到拉线洞的距离为：

$$AE=(\text{拉高}+\text{拉线洞深})\times\text{距高比}$$

当拉线的距高比等于 1 时，DE 就等于拉线洞深。

3. 角杆角深的测量

线路转角点的电杆称为“角杆”。角杆测量主要涉及角深的测量。

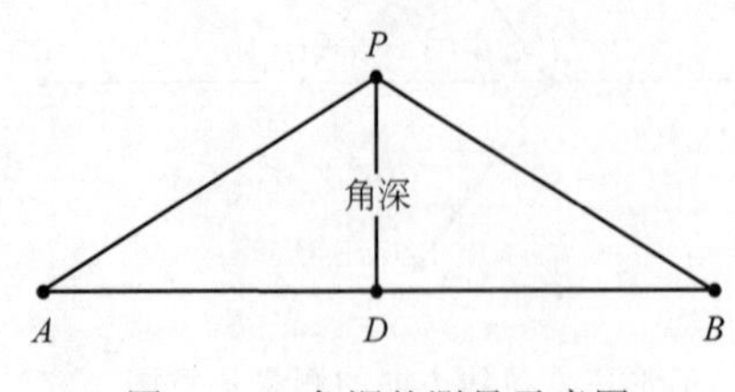

图 1.10　角深的测量示意图

角度和角深虽然都能表示转角的大小，但在线路建筑规范中，一般都用角深来表示转角的大小。图 1.10 中，转角点为 P 杆，沿路由距 50m 处设 A、B 两根标杆，A、B 连线的中点 D 与 P 点间的距离定义为转角的角深。

测角深的方法有外角法和内角法两种，如图 1.11 所示。

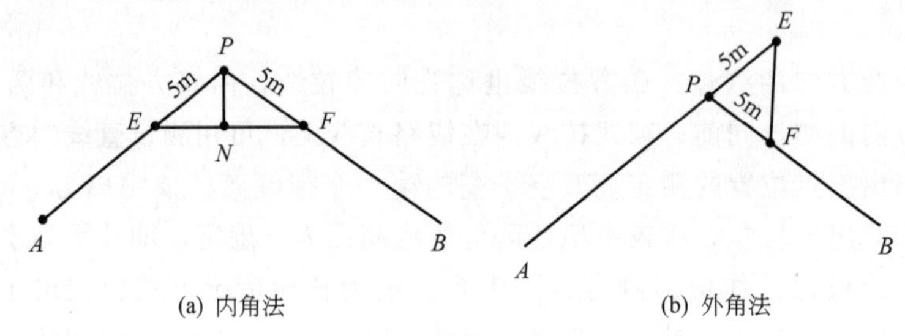

(a) 内角法　　(b) 外角法

图 1.11　内角法和外角法测角深示意图

图 1.11(a) 所示为内角法测量角深。在 PA、PB 方向上分别测得 E、F 点，使 $PE=PF=5\text{m}$，用皮尺连接 EF，并在 EF 中点 N 插一标杆，则标准角深 $M=PN\times10$。

图 1.11(b) 所示为外角法测量角深。图中 P 为角杆，AP 为转角前的直线方向，BP 为转角后的直线方向。在 AP 的延长线上测得 E 点，使 $PE=5\text{m}$；又在 PB 方向上测得 F 点，使 $PF=5\text{m}$，则标准角深 $M=EF\times5$。

(1) 线路勘查与测量时，应对线路所经过的沿线情况进行详细的综合调查。调查工作应从人文、民俗、地理、环境开始，将线路走向所遇到的河流、铁路、公路、穿（跨）越电力线、广播线等其他管线及地理、气候等进行详细的记录，从而熟悉线路环境，以便在线路施工时，采取针对性的预防措施。

(2) 线路实地测量时要做到如下要求：

①在野外测量，凡遇到河流、深沟、陡坎等，不能盲目泅渡或冒然跳跃；

②在公路或人口稠密地区测量时，应有专人指挥车辆和行人，并设相应的安全信号标志；

③如有必要时请交通民警等协助。

(3) 携带较长的测量器材和设备时，禁止抛掷，应防止触碰行人和车辆。

【实训质量要求及评分标准】

测量三方拉线位置及拉线洞位置的质量要求及评分标准见表 1.1。角杆角深测量的质量要求及评分标准见表 1.2。

表 1.1　测量三方拉线位置及拉线洞位置的质量要求及评分标准

项目	时间	分值	质量要求	评分标准
测量三方拉线位置及拉线洞位置	8min	20 分	1. 测量方法正确	1. 三方拉线三点位置左右偏差大于 5cm，每处扣 3 分
			2. 三方拉线三点方位正确，位置左右偏差不大于 5cm	2. 拉线出土点偏差大于±10cm，每处扣 2 分
			3. 拉线出土点正确，偏差不大于 10cm	3. 测量方法错误不得分
			4. 在规定时间内完成	4. 超时 1min 扣 1 分

表 1.2　角杆角深测量的质量要求及评分标准

项目	时间	分值	质量要求	评分标准
角杆角深的测量	8min	20 分	1. 测量方法正确	1. 测量方法错误不得分
			2. 计算标准角深的方法正确	2. 计算方法错不得分；标准角深允许误差±10cm，超过扣 4 分，超过±20cm 扣 8 分
			3. 只准用手势指挥，不准口语指挥	3. 手势指挥不当或用口语指挥，每次扣 0.5 分
			4. 在规定时间内完成	4. 时间超时 1min 扣 1 分

【实训小结】

通过路由测量、测量三方拉线位置及拉线洞位置、角杆角深的测量实训，掌握杆路测量的基本方法。

【思考题】

（1）什么是角深？

（2）造成测量误差的主要原因有哪些？测量中如何减小误差？

实训任务二　人工立杆、埋设拉线地锚

立杆是杆路建筑的主要工作，其方法也有多种。本节主要介绍人工立杆及埋设拉线地锚实训项目。

【任务描述】

在空地上立三根 7m 电杆，终端两根按终端杆要求立杆，中间一根按直线杆要求立杆，三根电杆要求成一条直线。

【实训目的】

① 掌握人工立杆与地锚埋设的方法。

② 熟悉人工立杆与地锚埋设的质量规范要求。

③ 熟悉人工立杆安全操作规程要求。

【知识准备】

(一) 电杆的类型及用途

(1) 按电杆在架空杆路中的地位分类。

① 中间杆：直线杆路中的电杆。

② 角杆：杆路转角处的电杆。

③ 终端杆：杆路终端处的电杆。

④ 其他受力不平衡的电杆：如过河或跨越障碍物的跨越杆，地形坡度变化较大处的电杆等。

(2) 按电杆在建筑规格分类。

① 普通杆：一般情况下使用的电杆。

② 单接杆：当要求电杆的高度较高且所承受张力不大时采用，采取单根电杆接高。

③ 双接杆：又称品接杆，要求电杆高度较高，并且所承受张力较大，采用单接杆下部不够稳固时，应在电杆下部采用双根电杆接高。

④ H形杆：简称H杆，在架空线路上安装光（电）交接箱的电杆；在跨越河流等长杆距，并且张力较大的电杆；或用以代替双方拉线的单杆；或在角深不大，设置拉线等设备有困难的角杆。

⑤ 井形杆：在十字路口有四路分歧而线条较多，负荷特重的电杆。

(二) 打洞、立杆和加固

1. 电杆的埋深

(1) 一般电杆的埋深。一般电杆的埋深主要根据线路负荷、土壤性质、电杆品种和长度等情况来确定。除了设计另有特殊规定者外，电杆的埋深一般可按表1.3中的规定数值。

表1.3 电杆埋深表 m

水泥电杆在轻中负荷区的一般埋深				
杆长	电杆埋深			
	普通土	硬土	水田、松土	石质
7	1.3	1.2	1.4	1
8	1.5	1.4	1.6	1.2
9	1.6	1.5	1.7	1.5
10	1.7	1.6	1.8	1.6
11	1.8	1.8	1.9	1.8
12	2	1.9	2.1	1.9
重负荷区电杆埋深按上面的数据再增加0.1～0.2m				

注意：当立杆地点的地面上有临时堆积的泥土时，电杆的埋深应加大，将临时堆土厚度的下边缘作为计算起点。

(2) 撑杆的埋深。撑杆的埋深，在松土及普通土时为100cm；硬土和石质土壤时为60cm。

(3) 高拉桩杆的埋深。高拉桩杆的埋深一般按以下规定:

① 高拉桩杆装有副拉线时，一般为 1.2m，在石质土为 0.8m;

② 如高拉桩杆不装副拉线时，高拉桩杆的埋深与被拉电杆的埋深相同。

2. 电杆洞种类

电杆洞分为圆形洞、梯形洞、方形洞等几种。

(1) 圆形洞。凡电杆根部未附装横木（卡盘）或垫木（底盘）的电杆，均采用圆形洞。圆形洞直径一般为 10～15cm。洞壁应垂直，洞底要平整。挖洞时，应随时变换站立位置，不应固定在一个方向，否则容易造成洞身歪斜。挖出的土应堆放在杆洞顺线方向一侧，以不致妨碍立杆为准。若采用人工立杆，为了便于立杆，可在洞口顺线方向挖出长约 30～50cm 的斜槽（马道），宽度约为一个电根的直径。

(2) 梯形洞。对于 9m 以上水泥杆，采用人工立杆时，均应挖掘梯形洞。梯形洞的形状和方位，如图 1.12 所示。

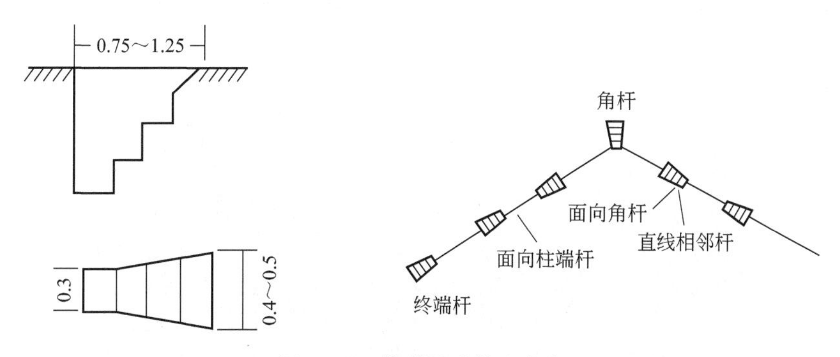

图 1.12　梯形洞形状和方位

(3) 方形洞。凡附有固根横木（卡盘）或杆根垫木（底盘）的电杆，或拉线洞等，一般都要挖成正方形或长方形的洞，洞的大小，应根据电杆根部结构来决定。

3. 立杆方法

在不能使用机器吊装的条件下，立水泥杆的方法有杆叉法、爬杆立杆法等。

(1) 杆叉法立杆。采用这种方法比较简便，适用于 8m 以下水泥杆。

立杆时，一人站在洞口斜槽的反侧，并用钢钎或钢制的护士板放入洞口内，以防电杆根部滑出洞口，其余人站在电杆同侧，用手抬起杆梢，然后用同一肩膀扛起，杆梢升起后，以两人各持杆叉，成八字形顶住电杆，向上戳立（此时绝对不可放松），电杆立到 45°时，杆叉应交替轮流向前移动上举，如图 1.13 所示。超过 60°时，电杆借助本身重量和杆叉的推举落入洞底，继续推正电杆，如图 1.14 所示。

(2) 爬杆立杆法。按图 1.15 或图 1.16 所示，立好爬杆，同时在爬杆两侧要求拉上两条拉绳，让爬杆平衡。

① 吊立钢筋混凝土电杆的位置，一般标准为 1/75 锥缩度的钢筋混凝土电杆，可按 1m 取 0.44m，作为电杆自重的中心。

② 一切准备好后，即可摇动搅盘机，将电杆吊起，使电杆进入杆坑，再慢慢放松钢丝 (注意摇动搅盘机时打手势)，将杆放置杆位。

图 1.13 杆叉法立杆

图 1.14 推正电杆

4. 电杆回土

电杆立起后进行回土夯实，回土最好分成 2～3 次进行，每次回土后，均应进行夯实。在市区回土高出地面，夯打后应与地面齐平；在郊区，回土应高出地面 10～15cm，以免因雨水而下陷，导致电杆周围出现凹状。

5. 杆根装置

（1）水泥电杆杆根装置应该用混凝土卡盘，并以“U”字形抱箍固定。

（2）直线杆路电杆杆根装置的位置应符合下列规定：

① 一般线路应按设计规定装置，无明确规定时应装在线路的一侧，但相邻杆均设杆根装置时，应交错装设；

图 1.15 爬杆（铁杆）立杆法

图 1.16 爬杆（木杆）立杆法

② 杆距长度不等时应装在长杆挡侧。

(3) 角杆、终端杆杆根装置位置应符合下列规定：

① 单装置应装在拉线方向的反侧，与拉线方向呈“T”形垂直；

② 双装置的下装置应装在电杆拉线侧，上装置应装在拉线方向的反侧，并且上下装置与拉线方向呈“T”形垂直；

③ 电杆杆根装置位置偏差应不大于±50mm。

(4) 卡盘式杆根装置的规格应符合图 1.17 所示的要求，在负荷较大的电杆或土质松软的地方，水泥杆采用底盘垫块规格应符合图 1.18 所示的要求。

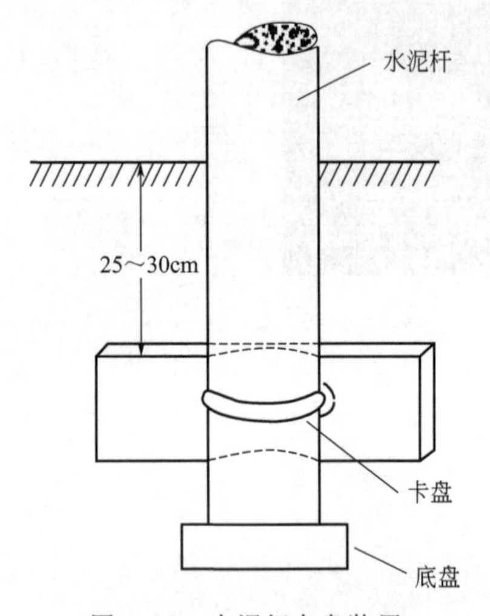

图 1.17 水泥杆卡盘装置

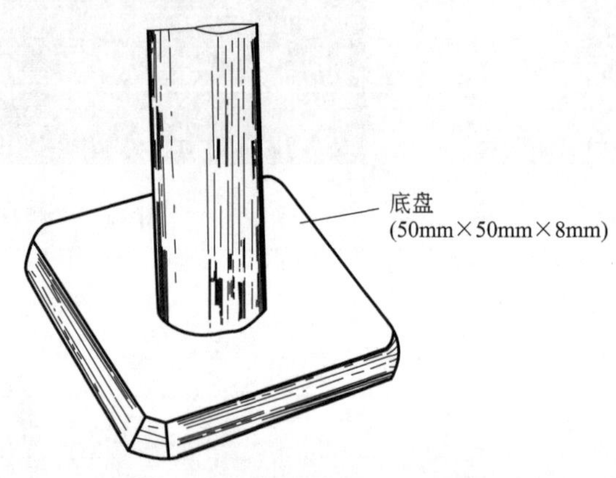

图 1.18 水泥杆底盘垫块装置

6. 电杆的加固和防护

(1) 电杆的加固。电杆在以下情况时，应考虑采取加固措施，以保证架空杆路稳定和安全：

① 为转角杆、终端杆或引上杆时；

② 跨越铁路、公路、河流或广场等障碍物的跨越杆；

③ 电杆的两侧受力不平衡时，如不同条数的光缆或导线、连接处的电杆；

④ 分歧杆；

⑤ 电杆两侧的杆距相差很大时，如长杆挡、飞线等电杆；

⑥ 地形急剧变化或土质极为松软地带的架空杆路；

⑦ 在郊区较长距离的直线杆路时，需要加强杆路的稳固性，在适当地点的中间杆采取加固措施（如双方拉线等）。

(2) 加固措施

① 转角杆、终端杆、引上杆及其他受力不平衡的电杆，一般采取拉线或撑杆等加固方法。为了抵消线路电杆向下的压力或被倾倒的力矩，有时还在电杆埋深的杆根部分设置杆根横木或卡盘等。

② 角杆等处的加固方法，一般采取落地拉线。当拉线必须跨越马路或受到其他障碍物的限制时，应设高拉桩拉线或撑杆等。

③ 如地形条件受到限制，设置拉线或撑杆有困难时，可采用 A 形杆或 H 形杆，以及其

他加固措施。

④ 特殊地段无法达到有关标准要求时，应砌石墩加固。

（3）电杆的防护。钢筋混凝土电杆如在含有盐、碱或酸性土壤地带时，为了防止对电杆的腐蚀，电杆埋入土中部分及地面以下50cm处，应采用涂抹熔化沥青的防腐油方法，涂抹防腐油要求均匀，不能有遗漏的地方，涂油层要求两层。

（三）立杆质量要求

（1）电杆洞深应符合表1.2的规定，洞深偏差应小于±50mm。特殊地段无法达到有关标准要求时，应砌石墩加固。

（2）电杆应按设计规定杆距立杆。一般情况下，市区光（电）缆线路的杆距为35～40m，郊区光（电）缆线路的杆距为45～50m。

（3）竖立电杆应达到下列标准。

① 直线线路的电杆位置应在线路路由的中心线上，不得发生眉毛弯、S弯等现象。电杆中心线与路由中心线的左右偏差应不大于50mm。

② 电杆本身应上下垂直，杆梢前后、左右偏差不得超过1/3杆梢。

③ 角杆应在线路转角点内移。水泥电杆的内移值为半个杆根，木杆内移值为200～400mm。因地形限制或装撑木的角杆可不内移。在拉线收紧以后，杆梢应向外角倾斜50～100mm。

④ 终端杆竖立后应向拉线侧倾斜100～200mm。

（4）在线路跨越铁路、河流时，不得用角杆作跨越杆。

（5）在土质松软的地段，必须以底盘或杆跟设横木和卡盘。

（四）拉线和撑杆的距高比

（1）拉距：自拉线入土点至电杆中心线之间的水平距离，用L表示，单位是m。

（2）拉高：自拉线在电杆上部的固定点至拉线入土点，与电杆中心线水平线之间的垂直高度，用H表示，单位是m。

（3）距高比：拉距与拉高的比值叫作距高比，即：

$$距高比=\frac{L}{H}$$

在平地上、坡地上、拉高桩上拉距与拉高的定义，分别如图1.19、图1.20和图1.21所示。

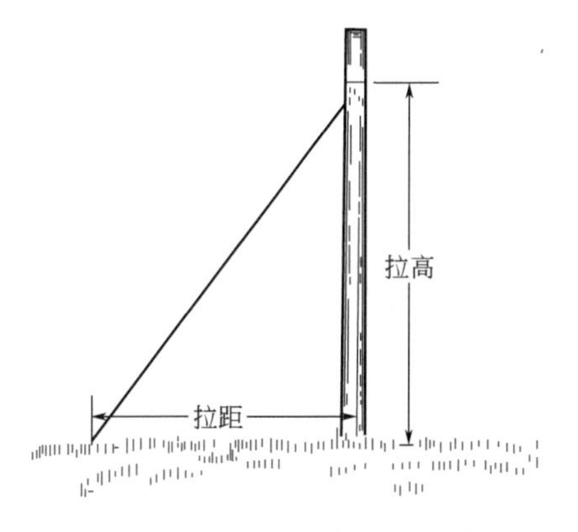

图1.19 平地上的拉距与拉高

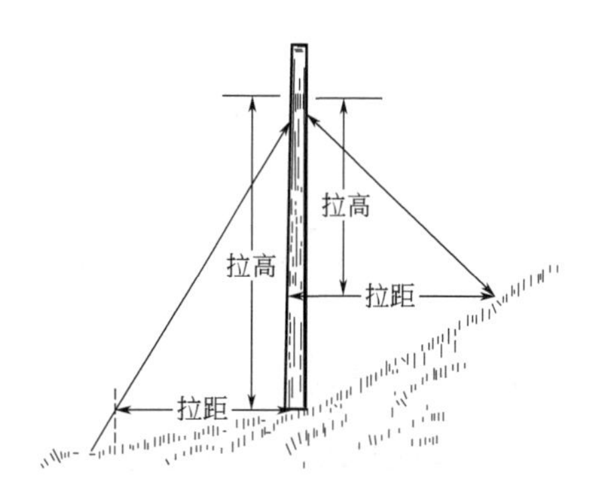

图1.20 坡地上的拉距与拉高

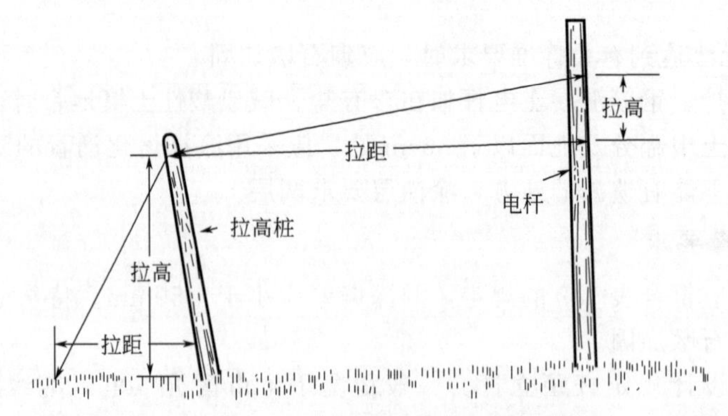

图 1.21　拉高桩的拉距与拉高

拉线的距高比一般取1，因地形限制时，可适当伸缩，但不得小于0.75；双方及四方拉线中，相对应的两条拉线的距高比应尽量相等；拉高桩拉线上的副拉线的距高比不得小于0.75；撑杆的距高比为0.6，不得小于0.5。

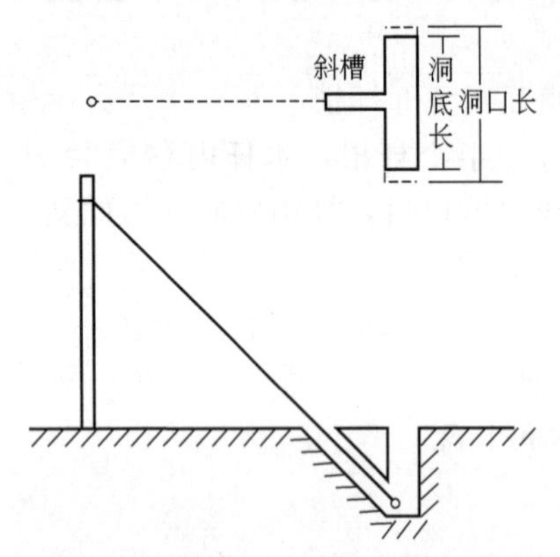

图 1.22　拉线地锚的出土点和洞坑的位置

（五）拉线洞

（1）对于拉线洞，为了避免拉线地锚埋设后变成弯曲状态，造成日后拉线松弛，还需在拉线洞边沿中心对正电杆处挖一地锚斜槽到洞底，这样可使拉线装设后，拉线至洞底横木成为直线，可以发挥拉线作用，如图1.22所示。注意在挖掘拉线洞时，不要把拉线落地点标桩当成拉线洞标桩。

（2）拉线洞的深度，必须符合表1.4的规定。拉线洞深的偏差应小于±5cm。

表 1.4　拉线洞应有的深度　　m

土质 / 拉线规格	普通土	硬土	水田湿土	石质
7/2.2	1.3	1.2	1.4	1.0
7/2.6	1.4	1.3	1.5	1.1
7/3.0	1.5	1.4	1.6	1.2
2×7/2.2	1.6	1.5	1.7	1.3
2×7/2.6	1.8	1.7	1.9	1.4
2×7/3.0	1.9	1.8	2.0	1.5
V形 2×7/3.0	2.1	2.0	2.3	1.7

注：石质洞深，如设计另有规定，则按设计规定办理；双股钢绞线拉洞深，适用于单股V形拉线，洞深偏差应小于±5cm。

（六）拉线地锚

1. 拉线地锚的种类与规格

常用的拉线地锚有铁柄地锚、螺栓拉线地锚，还有以镀锌钢绞线或直径4.0mm镀锌钢线制成地锚辫（或称地锚把）的拉线地锚三种。铁柄地锚、螺栓拉线地锚可与木质横木或钢筋混凝土制成的拉线盘配合装设，钢绞线、钢线地锚一般与横木配合使用，在工程中应根据器材供应条件选用，但为了节约木材，应尽量采用钢筋混凝土拉线盘和螺栓拉线地锚。铁柄地锚水泥拉线盘配合规格见表 1.5。

表 1.5　铁柄地锚水泥拉线盘配合规格

拉线规格	水泥拉线盘 长×宽×高 /(mm×mm×mm)	铁柄直径 /mm	地锚钢线规格 股/线径	横木 长×直径 /(mm×mm)	备注
7/2.2	500×300×150	16	7/2.6(或 7/2.2) 单条双下	1200×180	
7/2.6	600×400×150	20	7/3.0(或 7/2.6) 单条双下	1500×200	
7/3.0	600×400×150	20	7/3.0 单条双下	1500×200	
2×7/2.2	700×400×150	20	7/2.6 单条双下	1500×200	2 条或 3 条拉线合用一个地锚时的规格
2×7/2.6	700×400×150	20	7/3.0 单条双下	1500×200	
2×7/3.0	800×400×150	22	7/3.0 双条双下	1500×200	
V 形 2×7/3.0+ 1×7/3.0	1000×500×300	22	7/3.0 三条双下	1500×200	

2. 拉线地锚横木的装设

拉线地锚的装设方法应符合下列要求。

（1）拉线地锚在埋设前，应先检验洞坑深度、核对地锚出土方位等是否符合要求，必要时应进行修正。

（2）拉线地锚埋设的位置应端正，不得偏斜；地锚横木或拉线盘应和拉线方向垂直（除顺埋设者以外）。

（3）地锚出土点与横木或拉线盘间应开一个斜槽，使拉线与地锚成一直线。拉线地锚的实际出土点与规定出土点之间的偏移应不大于 50mm。

（4）钢绞线地锚、钢线地锚出土长度为 30～60cm，如图 1.23 所示。

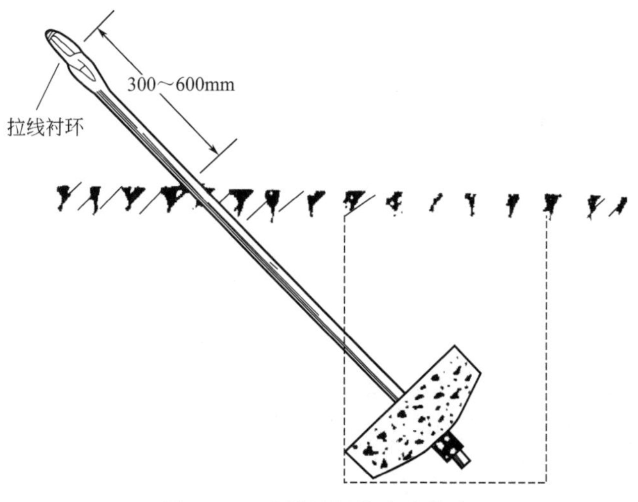

图 1.23　地锚铁柄的出土长度

(5) 埋设地锚时，应分层（约 30cm 一次）填上实夯，并将路面恢复平整。在郊区时，地锚的培土应高出地面 10cm 左右。

【实训器材】

1. 打洞与测量工具

铁锹、直撬、挖泥勺，2m 标杆若干根。

2. 立杆工具设备

长钢纤、挡杆钢管，20m 油绳 2 条，杆叉 1～2 个。

【任务实施】

1. 人工立杆路的方法与步骤

(1) 根据要求用标杆测定电杆位置。

(2) 分三组打杆洞，如图 1.24 所示，杆洞深度 1.2m，槽口开洞深的三分之一，如图 1.25 所示。

图 1.24　挖杆洞

图 1.25　电杆洞开槽口

(3) 将电杆根部移至洞口，杆身在槽口上方，杆梢系上一根牵拉用的油绳，如图 1.26 所示。

(4) 把控杆根人员在杆洞插入挡杆钢管，控制杆根不滑出洞口，如图 1.27 所示。

(5) 抬杆人员用同侧肩膀同时抬起电杆，杆根靠住挡杆钢管，用力将电杆抬起，如图 1.28 所示。电杆与地面夹角成 45°以上时，由牵引油绳人员控制电杆方向，不让电杆偏向，后面拿杆叉人员将杆叉支撑电杆，直到电杆立直，如图 1.29 所示。施工人员用手扶住电杆并校正电杆位置，如图 1.30 所示。

图 1.26 电杆摆放位置

图 1.27 控制杆根

图 1.28 人工立杆

图 1.29 杆叉支撑立杆

（6）回土分层夯实，高出原土 10cm。

2. 埋设地锚的方法与步骤

（1）按距高比要求测定拉线洞的位置，挖方形地锚洞，2100mm 长钢柄地锚要求洞深 1.6m，大小符合地锚石埋设要求，如图 1.31 所示。

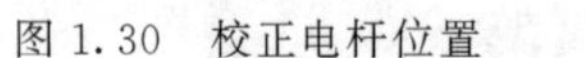
图 1.30　校正电杆位置

图 1.31　挖地锚洞

（2）将地锚钢柄与地锚石组装，组装要求见图 1.32 所示，地锚石平面朝上，地锚钢柄末端用垫片与螺钉拧入。

（3）将地锚埋进地锚洞，注意地锚钢柄方向应与线路方向一致，偏差中心线小于 5cm。

（4）挖去地锚钢柄下的部分泥土，使钢柄与地面呈 45°角并顺直，地锚铁柄的出土长度，为 30～60cm，如图 1.33 所示。

图 1.32　地锚石组装

图 1.33　地锚出土

（5）回填土方分层夯实，高出地面10cm。

一、打洞、挖沟及爆破安全注意事项

（1）在市区打洞、挖沟时，应先了解打洞地区是否有煤气管、自来水管或电力电缆等地下管线。如有此类地下管线时，应小心谨慎，切勿硬掘强撬。

（2）靠近墙根打洞时，应注意墙基墙体是否牢固，如有危险，应采取安全加固措施。

（3）在土质松软或流沙地区打洞，洞深在1m以上时应加护土板支撑。

（4）市区打洞、挖沟要不妨碍交通，确保市政设施相对完好。

（5）若需要土石方爆破，要严格执行有关规定。没有“爆破证”不得爆破，市区或人车繁多地带严禁使用爆破方法。野外爆破时，首先在放炮前要明确规定警戒时间、范围和信号，人员全部避入安全处，方准起爆；其次不得在建筑物、电力线、通信线及其他设施附近放炮，如必需时只能放小炮，并采取措施防止土石块飞起。

二、立杆、拆杆、换杆安全要点

1. 立杆工作安全注意的事项

（1）立杆工作必须由有经验人员负责组织，明确分工，严格检查工具是否齐全牢固，参加作业人员应听从统一指挥、各尽其责。

（2）立杆时，非工作人员一律不准进入工作现场，在人口稠密地区作业时，应设专人维持现场和交通秩序，以防发生意外。

（3）立起的电杆要注意埋深是否符合规定，是否有足够的护土层，土质是否坚硬，如有上述不足情况或未回土夯实前，不准上杆作业。

（4）被立的电杆应有“2米”或“3米”标示线，以便检查、观察电杆埋深情况，以防埋深不足发生倒杆。

（5）人工立杆（无立杆器）法，只限8m以下的电杆，其杆洞开口不能超过标准洞深的1/3，禁止杆洞开口到底的立杆方法。

2. 拆、换杆工作安全注意事项

（1）上杆工作前应先检查电杆的杆根埋深和有无折断危险，若有倒杆等危险隐患，在未采取防范措施前不准上杆。

（2）拆除电杆时，必须先拆移杆上的钢绞线及附属设备，再拆除拉线，最后才能拆除电杆。

（3）更换电杆时，先立新杆并与旧杆捆扎在一起后，再上杆拆除钢绞线和附属设备。

（4）拆杆、换杆都应了解作业地点周围环境，事先设定倒杆的方向，采取相应对策措施，若措施不到位则决不能随意施工。

三、在电力线附近作业安全须知

电能带来很大便利，但由于管理不善或者操作失误会造成严重的触电事故，在电力线附近作业时，不但需要掌握安全规范，还要了解一些常见的用电安全的指示标志（图1.34）。

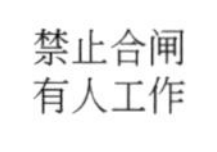

图1.34　用电安全的指示标志

（1）在高压电力线下方或附近进行作业时，作业人员的身体（含超出身体以外的金属工具或物件）距高压电力线及电力设施最小间距应保持：1～35kV 的线路为 2.5m；35kV 以上的线路为 4m。

（2）通信线路与电力线路、高压广播线交越等应符合相关规范。

（3）跨越电力线路架设通信线路施工必须先停电后作业。

（4）停电作业具体操作安全步骤如下：

① 事先同电力部门取得联系，征得电力部门的同意；

② 同电力部门约定具体停电时间；

③ 由联系人在电力部门停电的线路的闸刀上挂警告提示牌，取下保险盒；

④ 施工人员得到停电指令后，应对电力线路是否停电进行验电；

⑤ 确认停电后，应及时将电力线路进行临时短路，以防电力用户倒送电，从而导致触电事故；

⑥ 在不影响通信线路质量的前提下，应将所作业的线路绞线入地，以防己方线路远距离与电力擦碰输入电源而导致触电；

⑦ 参与施工作业人员，作业时戴绝缘手套，穿绝缘鞋，戴安全帽，使用绝缘工具。

（5）在杆顶有电力线交越时，作业人员头部不超过杆顶。

【实训质量要求及评分标准】

立杆实训质量要求及评分标准见表 1.6。

表 1.6　立杆实训质量要求及评分标准

时间	分值	质量要求	评分标准
60min	30	1. 电杆埋深(1.3±0.1)m 2. 电杆左右方向垂直地面，杆梢左右偏差不得超过 1/3 杆梢 3. 水泥盘面向正确 4. 埋设地锚时，应分层填上夯实，应高出地面 10cm 左右 5. 拉线出土点与电杆中心线的左右偏移应≤50mm 6. 地锚铁柄的出土长度为 30～60cm 7. 正确使用工具，操作符合安全要求	1. 电杆洞与地锚坑深度不符合要求扣 2 分/处 2. 电杆左右方向垂直地面，杆梢左右偏差超过 1/3 杆梢扣 2 分/处 3. 水泥盘面向不正确扣 1 分/处 4. 埋设地锚不符合要求扣 1 分/处 5. 拉线出土点与电杆中心线的左右偏移大于 50mm 扣 2 分/处 6. 地锚铁柄的出土长度不符合要求扣 2 分/处 7. 不正确使用工具扣 1 分/次；操作不符合安全要求扣 3 分/次

【实训小结】

通过立杆实训，掌握立杆的基本流程与方法，掌握安全操作规范，熟悉立杆的质量要求。

【思考题】

（1）立杆的质量要求是什么？

（2）立杆应注意哪些安全要求？

实训任务三 脚扣、竹梯登高

脚扣、竹梯登高是架空通信线路安全作业的基本功。本节开展脚扣、竹梯登高项目的操作实训。

【任务描述】

利用脚扣、竹梯安全地上杆。

【实训目的】

① 熟练掌握脚扣上杆的操作方法和安全要求。

② 熟练掌握竹梯上杆的操作方法和安全要求。

【知识准备】

1. 保安带使用规范

（1）保安带使用前必须经过严格检查。

（2）保安带使用时切勿使皮带扭绞、打节，各扣套要全数扣妥。

（3）应与酸性物、锋刃工具等分开存放和保管，也不得放在火炉、暖气片和其他过热过湿之处。

2. 脚扣使用规范

（1）脚扣可靠性试验。

（2）经常检查脚扣是否完好。

（3）脚扣的大小要适合电杆的粗细，切勿把脚扣扩大和缩小。

（4）水泥杆脚扣上的胶管和胶垫根，应保持完整。

3. 竹梯登高操作规范

（1）经常检查梯子是否完好，妥善保存。

（2）上竹梯前须进行外观检查，如有不完整或老化的情况不得使用。

（3）架设地选择：倾斜度角度应适宜（75°±5°）。

（4）禁止二人同时上下梯子，梯子上不能站有二人同时作业。

（5）长时间工作时，用油麻绳将梯子捆扎在钢绞线上，防止滑动、摔倒（杆上人员应系保安带）。

（6）梯子未装铁钩的，靠在钢绞线上用时，应高出钢绞线 50cm 以上。

（7）市区作业使用的竹梯应装防滑装置，严禁使用铝合金等金属材质梯子；易滑动或有可能被碰撞的地方，必须由专人扶守梯子。

（8）使用人字梯上部夹角为 40°±5°，铰链必须牢固。

（9）严禁作业人员站在梯子上移动梯子；在架空电力线下或有障碍物的地方，严禁将梯子竖立移动。

【实训器材】

电杆、脚扣、竹梯、保安带、安全帽、绝缘鞋等有关上杆工具和器材。

【任务实施】

1. 上杆前的安全检查步骤

(1) 检查杆根有否断裂危险，电杆埋深是否达到要求。

(2) 检查观察电杆周围及附近地区有无电力线和其他障碍物。

(3) 试验检查脚扣、保安带是否牢固。

(4) 检查工具和器材是否齐全。

图 1.35　脚扣上杆操作方法

2. 上杆的操作步骤

(1) 保安带系在腰下臀部位置。

(2) 保安带系牢杆子（保安带也可到杆顶后再系上）。

(3) 上杆时脚尖向上勾起，往杆子方向微侧，如图 1.35 所示。脚扣套入杆子，脚向下蹬。

(4) 上杆时人不得贴住杆子，离杆子 20～30cm，人的腰杆挺直，不得左右摇晃，目视水平前方，双手抱住杆子，如图 1.36 所示。

(5) 双手与脚协调配合交叉上杆。到达杆上操作位置时系好保安带并锁好保安带的保险环。保安带系在距杆梢 50cm 以下，如图 1.37 所示。

图 1.36　脚扣上杆操作姿势

图 1.37　杆上操作位置

（6）用试电笔试验杆上金属体是否带电，用试电笔测试时不得戴手套（遇到太阳光时，另一手遮住太阳光观察试电笔）。

（7）开始杆上操作（如安装抱箍）。

（8）下杆时动作与上杆一致。

（9）下杆后整理好器材和工具。

3. 上梯子操作方法与步骤

（1）保安带系在腰下臀部位置。

（2）检查梯子外观是否合格。

（3）一人脚踩住梯子一个根部，双手扶梯；另一个人将梯子往上推起来。

（4）将梯子斜靠（75°±5°）在电杆或钢绞线上。

（5）配合人员双手扶梯，操作人员双手扶梯爬上梯子（保安带也可到上面再系上），如图 1.38 所示。

图 1.38　爬梯子操作方法

（6）用试电笔试验杆上金属体是否带电。

登高作业安全要点如下。

1. 上杆工作前安全注意事项

（1）上杆工作前必须认真检查杆根埋深和有无折断危险，如发现已折断腐烂的或不牢固的电杆，在未加固前，切勿上杆；

（2）上杆前必须检查脚扣和安全带的各个部位有无伤痕；

（3）观察、了解附近有无电力线或其他障碍物，如发现有不明线条，一律按电力线处理；

（4）上杆时除个人配备工具外，不得携带笨重料具上杆，在杆上与地面人员之间不得将工具和材料上抛下掷；

（5）登高上杆时应双手扶杆，不得徒手操作。

2. 杆上工作安全注意事项

(1) 用测电笔对杆上的钢绞线等设备进行验电;

(2) 到达杆顶后,保安带放置位置应在距杆梢50cm以下;

(3) 高空作业,所用材料应放置稳妥,剪下的零星材料不准下抛,所用工具应装入工具袋内,防止坠落伤人;

(4) 要注意检查脚扣、保安带在杆上的牢固情况;

(5) 杆上有人作业时,杆下一定范围内不准有人站立,在街道、车来人往频繁的地方应设置安全护栏。

【实训质量要求及评分标准】

电杆登高操作实训质量要求及评分标准见表1.7。

表1.7 电杆登高操作实训质量要求及评分标准

项目	序号	质量要求	评分标准
准备工作 (30分)	1	戴安全帽、戴手套、穿工作服	不按要求穿戴者每项扣3分
	2	穿绝缘鞋	不穿者不得分
	3	保安带经试验并符合要求	不试者扣10分,不符合安全要求扣3分
	4	脚扣经试验并符合要求	不试者扣10分,不符合安全要求扣3分
	5	所带工具、工具包符合安全要求	使用无胶把钳者,每一件扣2分
上杆工作 (20分)	6	应先检查电杆埋深度及牢固情况	不检查者扣10分
	7	应观察有否电力线及其他线条	未观察者扣10分
	8	上杆过程中按要求系好保安带	不系好者扣5分
	9	上杆不准带笨重料具	带笨重料具扣5分
	10	上杆不准碰线条或电缆	碰线条者扣5分
	11	上杆不能有打滑、踩空现象	每出现一次扣2分
杆上工作 (20分)	12	应先用试电笔对线条电缆测试	不带试电笔扣10分,不试是否有电扣10分
	13	应将保安带全数扣好	不带不用者扣10分,未扣小锁者扣5分
	14	杆上工具、脚扣稳妥	脚扣固定松动、打滑者每次扣2分
	15	使用工具之间不代用	每代用一次扣2分
	16	使用工具和材料放入工具袋	不带不用者扣4分
	17	工具不准上抛、坠落(脚扣)	每发现一次扣2分,脚扣坠落扣10分
	18	零星材料不乱扔、乱抛	坠落、乱抛每发现一次扣3分
下杆 (20分)	19	使用脚扣下杆时不打滑、踩空	每出现一次扣2分
	20	下杆时双手扶杆	单手下杆者扣10分
	21	下杆动作熟练	下杆动作不熟练扣20分
不计分	22	严重违反操作规程者	不得分
	23	上、下杆严重打滑或脚扣坠落	不得分
	24	人从杆上坠下者	不得分
	25	操作过程造成人员受伤者	不得分
其他 (10分)	26	急救知识	回答错误扣10分
	27	前期配合	配合出现违规行为扣10分

【实训小结】

脚扣登高是电信线务工种的最基础要领，必须严格遵守《电信线路安全技术操作规程》，坚持以防为主的方针，思想上要高度重视，熟练掌握脚扣登高要领，保证安全。

【思考题】

(1) 上杆前需要做哪些准备工作？

(2) 杆上作业需注意哪些安全事项？

实训任务四　拉线上把制作

拉线是架空线路中主要设施，拉线制作技术难度较高，本节介绍另缠法拉线上把制作的方法。

【任务描述】

用另缠法制作拉线上把（7/2.6 钢绞线）。

【实训目的】

① 了解架空线路拉线上把制作的种类。

② 掌握架空线路拉线上把另缠法的制作方法。

【知识准备】

1. 拉线的结构

拉线由“上部拉线”和“地锚拉线”两部分组成。上部拉线包括拉线上把和拉线中把；地锚拉线包括拉线下把（地描把）、地锚底把和地锚横木。如图 1.39 所示，如果地锚拉线采用地锚铁柄，则不存在拉线下把、地锚底把。

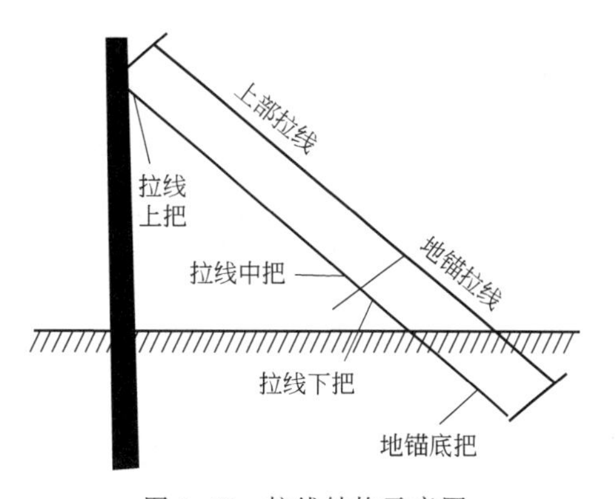

图 1.39　拉线结构示意图

2. 拉线上把制作种类

(1) U 形钢卡法（卡固法）。卡固法是用 M10 钢线卡子卡固钢绞线的一种方法。卡固法适合于 7/2.2、7/2.6、7/3.0 三种规格的钢绞线。如图 1.40 所示。

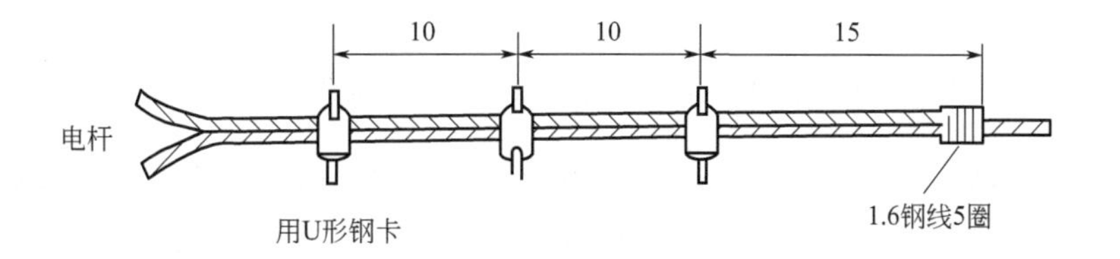

图 1.40　钢绞线拉线上把卡固法示意图

（2）夹板法。夹板法是用三眼双槽夹板夹固钢绞线的一种方法，如图 1.41 所示。

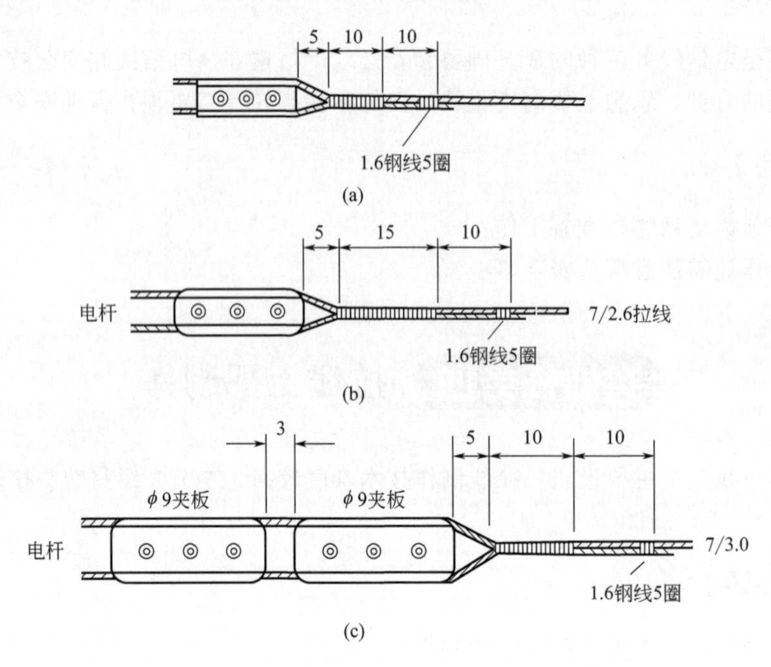

图 1.41　拉线上把夹板法制作示意图

（3）捆缚式拉线另缠法。捆缚式拉线另缠法是用钢绞线直接捆缚到电杆上，再用镀锌铁线另缠固定钢绞线末端的一种方法，如图 1.42 所示，此方法适用于木杆拉线。

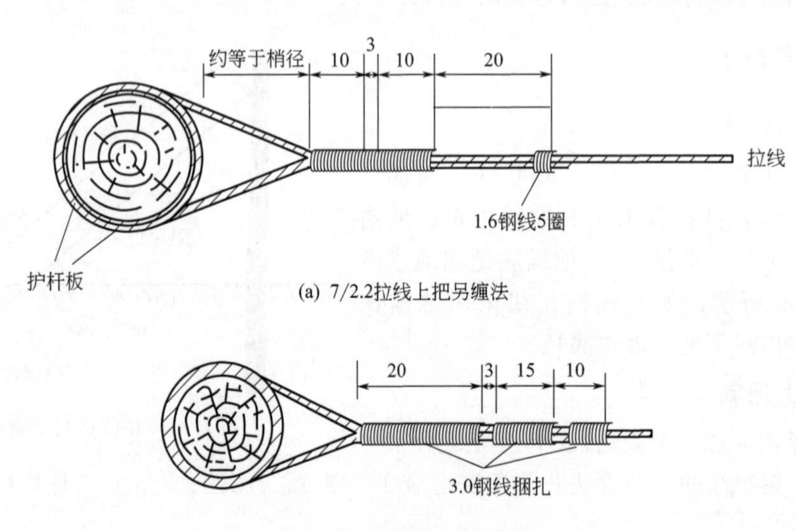

单位：cm

图 1.42　捆缚式拉线另缠法示意图

（4）抱箍式拉线另缠法。抱箍式拉线另缠法是将另缠法制作好的拉线上把安装到拉线抱箍的穿钉上，再将抱箍固定到电杆上的一种方法，如图 1.43 所示。这种方法适合于水泥杆拉线。

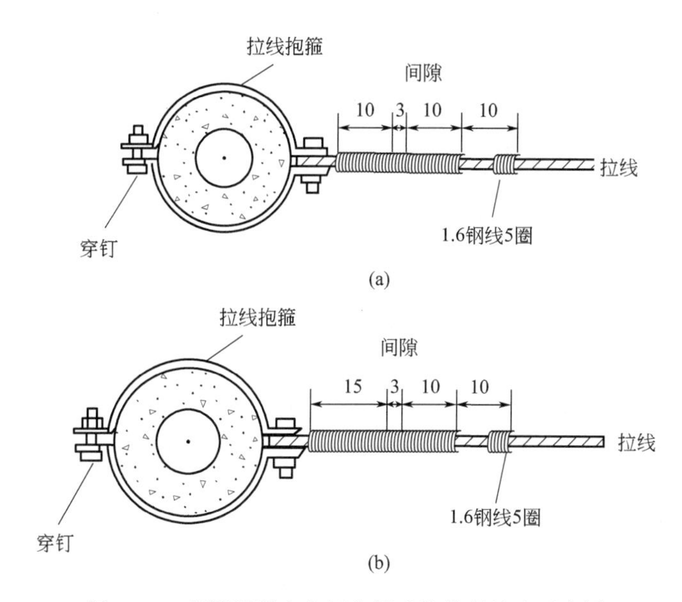

图 1.43 钢筋混凝土电杆抱箍式拉线另缠法示意图

(5) 另缠法的缠扎规格。另缠法的缠扎规格见表 1.8。

表 1.8 拉线上把另缠法的缠扎规格 mm

类别	拉线规格	缠线线径	首节长度	间隙	末节长度	钢绞线留头	留头处理
抱箍式	7/2.2	3.0	100	30	100	100	用 1.6mm 钢线另缠 5 圈扎牢
	7/2.6	3.0	150	30	100	100	
	7/3.0	3.0	150	30	150	100	
	2×7/2.2	4.0	150	30	100	100	
	2×7/2.6	4.0	150	30	150	100	
	2×7/3.0	4.0	200	30	150	100	
捆缚式	7/2.2	3.0	100	30	100	100	
	7/2.6	3.0	150	30	100	100	
	7/3.0	3.0	150	30	150	100	
	2×7/2.2	4.0	150	30	100	100	
	2×7/2.6	4.0	150	30	150	100	
	2×7/3.0	4.0	200	30	150	100	

注：个别地区留长部分易腐蚀时，可不留。

3. 拉线规格的选用

架空光（电）缆线路中拉线规格的选用，一般按以下因素考虑。

(1) 拉线规格原则上应按防风拉采用 7/2.2 钢绞线；防凌拉、顺风拉、顶头拉、终端拉，以及角深在 15m 以内的角杆拉，采用 7/2.6 钢绞线；角深大于 25m 的角杆应分设顶头拉或设八字拉。

(2) 当线路的中间杆因两侧线路负荷不同时，应设置顶头拉线（如杆挡距离或线条数量不同），拉线规格与拉力较大一方的光（电）缆吊线规格相同。

（3）高拉桩杆拉线的规格一般和光缆吊线规格相同。

架空光缆线路的均衡负载拉线和角杆拉线规格，可参见表 1.9 和表 1.10 选用。

表 1.9　均衡负载拉线规格选用表

架设吊线数量及层数	线路段长度	拉线规格 拉线名称 / 吊线规格	终端拉线	泄力拉线
单层单条	三十挡以下	7/2.2	2×7/2.2 或 7/2.6	
		7/2.6	2×7/2.6 或 7/3.0	
		7/3.0	2×7/3.0	
单层单条	三十挡以上	7/2.2	2×7/2.2 或 7/2.6	2×7/2.2 或 7/2.6
		7/2.6	2×7/2.6 或 7/3.0	2×7/2.6 或 7/3.0
		7/3.0	2×7/3.0	2×7/3.0
单层双条	十五挡以下	7/2.2	2×7/2.6	
		7/2.6	2×7/3.0	
		7/3.0	2×7/3.0	2×7/2.6
单层双条	十五挡以上	7/2.2	2×7/2.6	2×7/2.6
		7/2.6	2×7/3.0	2×7/2.6
		7/3.0	2×7/3.0	2×7/3.0
双层单条	十五挡以上	7/2.2	V 形 7/2.6	V 形 7/2.6
		7/2.6	V 形 7/3.0	V 形 7/3.0
		7/3.0	V 形上 2 下 1　7/3.0	V 形上 1 下 2　7/3.0
双层单条	十五挡以下	7/2.2	V 形 7/2.6	
		7/2.6	V 形 7/3.0	
		7/3.0	V 形 7/3.0	V 形 7/2.6

表 1.10　角杆拉线规格选用表

吊线架设结构	吊线规格	角深/m	拉线规格	吊线架设结构	吊线规格	角深/m	拉线规格
单层单条	7/2.2	>0～7	7/2.2	单层双条	7/2.2	>0～7	2×7/2.2 或 7/3.0
	7/2.2	>7～15	7/2.6		7/2.2	>7～15	2×7/2.2
	7/2.6	>0～7	7/2.2		7/2.6	>0～7	2×7/2.2 或 7/3.0
	7/2.6	>7～15	7/3.0		7/2.6	>7～15	2×7/2.6
	7/3.0	>0～7	7/2.6		7/3.0	>0～7	2×7/2.6
	7/3.0	>7～15	7/3.0		7/3.0	>7～15	2×7/3.0

4. 拉线衬环的选用

（1）拉线与地锚连接时，7/2.6 钢绞线以下的采用三股衬圈，7/2.6 及以上的采用 5 股衬圈。

（2）圆钢地锚可用采用 7 股衬圈。

【实训器材】

7/2.6 钢绞线、ϕ3.0 铁线、5 股拉线衬环、榔头、扳手、卷尺、8 寸、6 寸钢丝钳等器材工具。

【任务实施】

拉线上把另缠法制作步骤如下。

（1）绕扎把线圈两个，ϕ3.0 铁线折弯成如图 1.44 所示，要求衬芯在两钢绞线接合处，圆弧与钢绞线紧紧贴吻合。

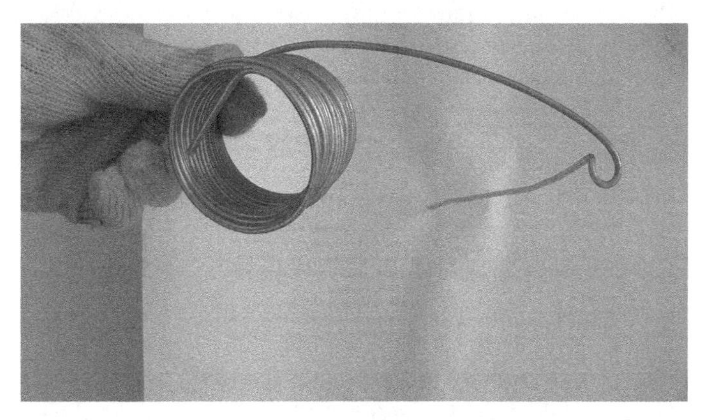

图 1.44　线圈起头示意图

（2）用 ϕ3.0 铁线交叉穿过衬圈，并在电杆上捆绑住，要紧密。

（3）折弯钢绞线的鼻环、钢绞线副线长度，一般线把长度为 10 股衬环半个弧形长度。以 7/2.6 上把为例，采用 5 股衬环，7/2.6 扎把长度 38cm。5 股衬环长度为 8～9cm，所以钢绞线副线与主线折弯处在副线 46～47cm 之间折弯。右脚踏住钢绞线，左手握住副线与主线折弯处，并靠近左膝盖，右手通过主线与左脚之间拉住副线近末端处，然后用右手拉起副线，同时左手、左脚膝盖配合（脚膝盖顶向左脚、左手顶住钢绞线中间），使钢绞线成圆弧，然后右手钢绞线与右脚之间，同前一样拉起钢绞线成圆弧形。如图 1.45(a) 所示。

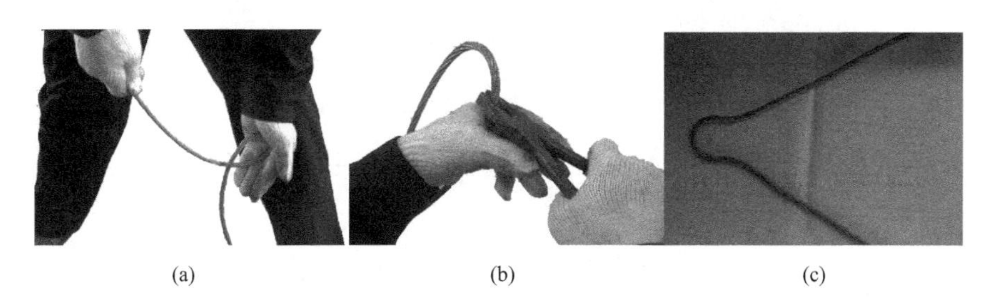

(a)　(b)　(c)

图 1.45　拉线鼻子制作示意图

（4）用 8 寸钳夹住主线离主线与副线中心 5cm 处，左手握住 8 寸头部和主线，右手握住 8 寸钳把柄端部，两手用力配合主副线向外折弯，如图 1.45(b) 所示，副线同主线一样折弯钢绞线，如图 1.45(c) 所示，使钢绞线鼻子紧贴衬环吻合。

(5) 面对电杆(衬圈)副线从右边穿到左边。人站在主线的左边,主线绕过人的背部,转向人的左侧用右脚踏住主线,利用人的腰部,拉紧钢绞线。

(6) 先用铁线临时绕扎主线和副线,使两线紧密贴在一起,如图 1.46 所示。

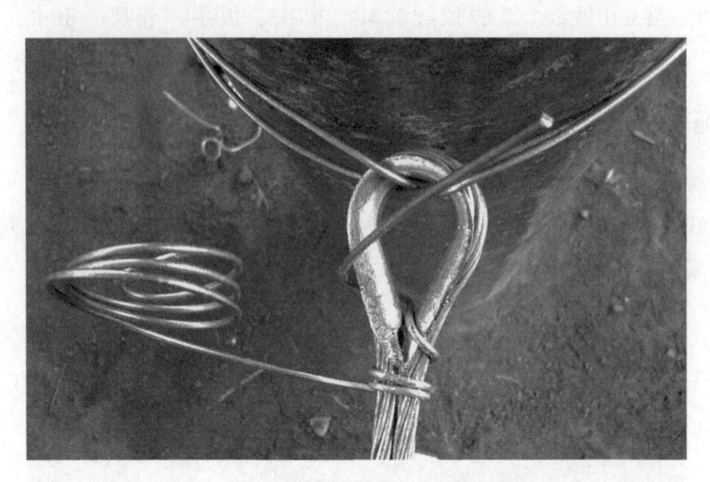

图 1.46 临时绕扎主线和副线示意图

(7) 把事先准备好的线圈按顺时针方向在钢绞线缠扎 3～4 圈,然后拆除临时铁扎线,用专用工具把铁线敲到离衬圈尖头之间的间距小于 0.5cm 处,如图 1.47 所示。

图 1.47 铁线与衬圈尖头之间的间距

(8) 把扎线圈绕到 15cm 时,开始缠扭小辫子,小辫子松绕三个扭花 3cm 长,并压平在主线和副线之间,如图 1.48 所示。

(9) 重复“(7)”“(8)”操作步骤,绕扎末节 10cm 长的辫子。

(10) 用 3.0 铁线封口,在主线与副线缠扎 5 圈,然后在主线缠扎 2～3 圈,如图 1.49 所示。

【实训质量要求及评分标准】

拉线上把另缠法制作实训质量要求及评分标准见表 1.11。

图 1.48　缠扭小辫子

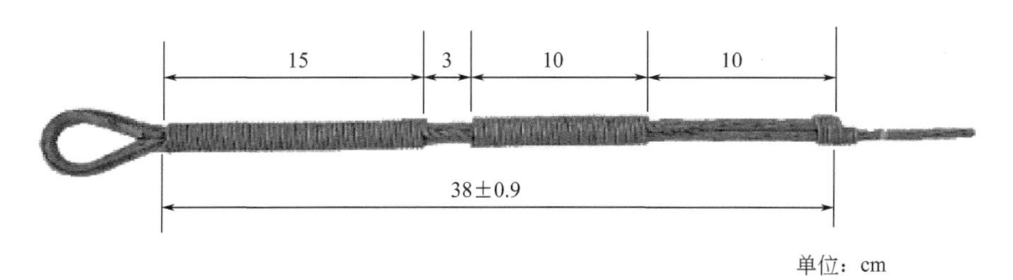

图 1.49　7/2.6 拉线上把尺寸示意图

表 1.11　拉线上把另缠法制作实训质量要求及评分标准

时间	分值	质量要求	评分标准
15min	40分	1. 制作规格尺寸应符合 YDJ38—85 规范要求，尺寸允许偏差扎把±0.3cm，空隙±0.3cm，线把总长(38±0.9)cm	1. 尺寸超标每处扣1分(不重复扣分)
		2. 衬圈与鼻环紧密、正直	2. 衬圈与鼻环不紧密扣1～5分
		3. 线把应平直、无扭转	3. 线把不平直、扭转扣2～5分，线把与衬圈连接处有喇叭口扣1～5分
		4. 缠扎紧密、无缝隙、不松动、不跳股(弓背)，缠扎稀圈小于0.1cm	4. 封口松动、跳股每处扣2分；缠扎稀圈超标每匝扣0.5分
		5. 正确使用工具，符合安全操作规程	5. 不正确使用工具，违反安全操作规程扣2～5分；线伤视情况扣5～10分

【实训小结】

拉线上把另缠法制作是通信架空线路建筑施工的重要组成部分，吊线接头、拉线架设与它有紧密相关联系，通过拉线上把另缠法制作实训，掌握了拉线上把另缠法制作，则吊线接续、拉线架设也迎刃而解。在实训操作过程中要严格遵守《线路工安全操作规程》。

【思考题】

（1）拉线上把制作方式有哪几种？

（2）各种拉线式与之相应的制作方式及尺寸有哪些要求？

实训任务五 终端拉线与吊线的安装

拉线安装和吊线安装是通信线路杆路施工的主要工作。本节主要是对杆路终端拉线与吊线安装项目进行实训。

【任务描述】

① 终端拉线杆上抱箍安装；

② 收紧终端拉线；

③ 拉线中把制作；

④ 吊线终端抱箍与吊线抱箍安装；

⑤ 布放吊线；

⑥ 收紧吊线；

⑦ 吊线终结制作。

【实训目的】

① 掌握杆路终端拉线及吊线安装的方法。

② 熟悉拉线安装与吊线安装的施工规范要求。

【知识准备】

（一）拉线安装

1. 拉线抱箍的安装

架空光（电）缆线路的拉线上把，在水泥杆上的装设应采用抱箍结合法，在木杆上的装设应采用抱箍法或者采用捆缚法。抱箍的安装离杆梢一般不小于50cm，特殊情况可以降低但不得小于25cm，并符合下列规定。

（1）泥杆上只有一条光（电）缆吊线且装设一条拉线时，应符合图1.50要求的方式之一选用。

（2）水泥杆上有两层光（电）缆吊线且装设两层拉线时，应符合图1.51要求的方式之一选用。

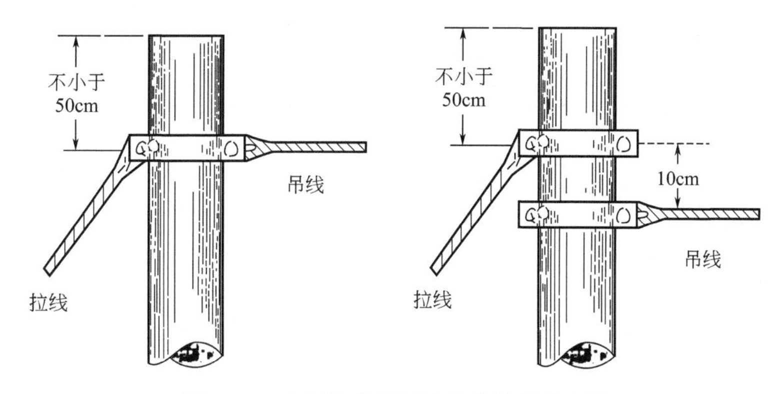

图 1.50　水泥杆单层吊线拉线抱箍的安装

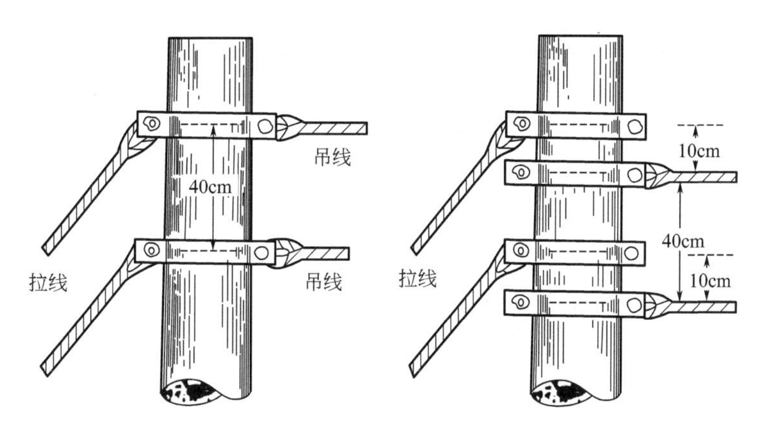

图 1.51　水泥杆双层吊线拉线抱箍的安装

2. 收紧拉线做中把

（1）收紧钢绞线拉线时，先将拉线穿过地锚把上端圆孔（地锚鼻子）中已放入的拉线衬环槽内，将紧线器龟爪夹住拉线中部，然后将紧线器龟爪夹住端部向后一定距离（或用端部中间那根钢丝穿入紧线钳转轮内），用紧线钳收紧，如图 1.52 所示，待拉线收紧后要求终端杆向拉线侧倾斜 100～200mm。将折回的拉线端与拉线并合，按另缠法或夹板法，按规定尺寸进行缠扎或夹固。

图 1.52　收紧拉线示意图

（2）收紧多股钢线拉线时，一般利用两个紧线钳，方法与前面介绍的基本相同。

3. 拉线中把的装设

在收紧拉线的基础上做拉线中把。做拉线中把通常可采用另缠法、夹板法和 U 形钢卡法三种。另缠法和夹板法拉线中把的规格应符合表 1.12 的要求。另缠法、夹板法的外形应符合图 1.53、图 1.54 的要求。拉线把末端均用 1.6mm 钢线缠扎 5 圈。各种规格拉线中把的另缠法如图 1.55～图 1.57 所示。

表 1.12　拉线中把规格　　mm

类别	拉线规格	夹缠物类别	首节	间隙	末节	全长	钢线留长
夹板法	7/2.2	ϕ7 夹板	1 块	280	100	600	100
	7/2.6	ϕ7 夹板	1 块	230	150	600	100
	7/3.0	ϕ7 夹板	1 块中隔 30	100	100	600	100
另缠法	7/2.2	3.0 钢线	100	330	100	600	100
	7/2.6	3.0 钢线	150	280	100	600	100
	7/3.0	3.0 钢线	150	230	150	600	100
	2×7/2.2	3.0 钢线	150	260	100	600	100
	2×7/2.6	3.0 钢线	200	210	150	600	100
	2×7/3.0	3.0 钢线	250	310	150	800	150
	V 形 2×7/3.0		250	310	150	800	150

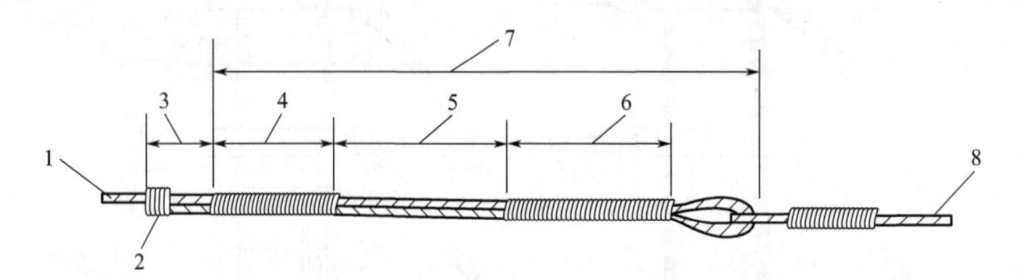

图 1.53　另缠法拉线中把外形

1—吊线；2—ϕ1.6mm 钢丝缠 5 圈；3—留长；4—末节；5—间隔；6—首节；7—全长；8—地锚

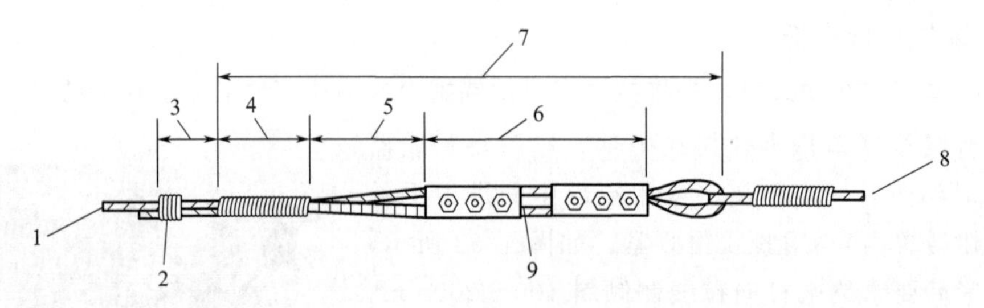

图 1.54　夹板法拉线中把外形

1—吊线；2—ϕ1.6mm 钢丝缠 5 圈；3—留长；4—末节；5—间隔；6—首节；7—全长；8—地锚；9—间隔

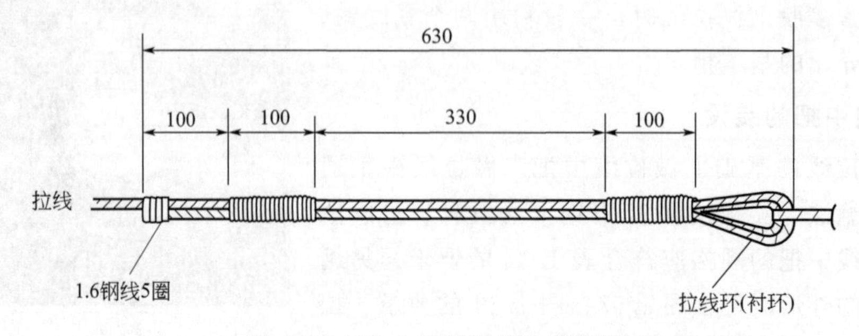

图 1.55　7/2.2 吊线另缠法示意图

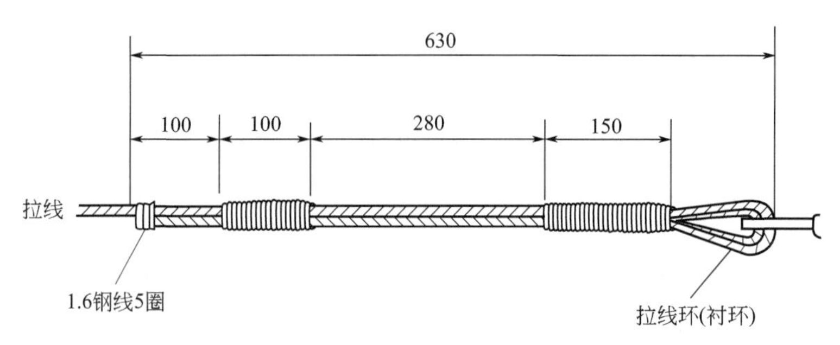

图 1.56　7/2.6 吊线另缠法示意图

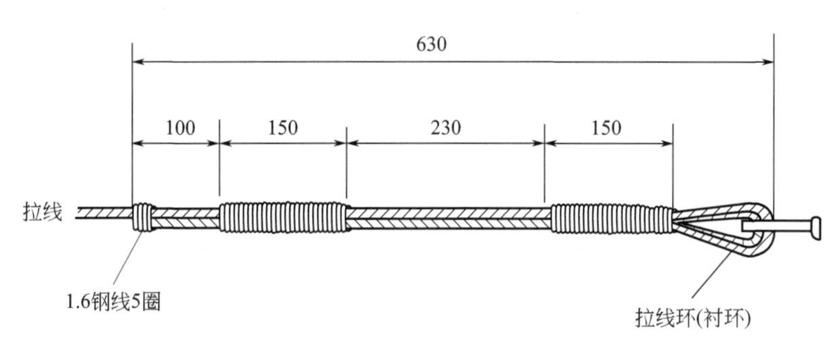

图 1.57　7/3.0 吊线另缠法示意图

采用 U 形钢卡法，适用于 7/2.6 以下钢绞线拉线，代替夹板法卡装时，应使 U 形钢卡按一正一反进行装置，一般不宜采用。

4. 高拉桩杆拉线的装设

（1）装设高拉桩杆拉线时，一般按以下规定。

① 木质高拉桩杆的梢部或根部的防腐处理与木电杆相同。原有钢筋混凝土电杆线路，可用木质或钢筋混凝土的高拉桩杆，但新建的钢筋混凝土电杆杆路，一般用钢筋混凝土杆作高拉桩杆。

② 高拉桩杆的梢部应向张力的反侧外斜约 1m。

③ 高拉桩杆的埋深一般为 1.2m，遇有松软土质和负荷较大时，可在张力的同一侧面离地面 40cm 处装设横木（用钢筋混凝土电杆作高拉桩杆时，应装设卡盘和底盘）。

④ 凡靠近高压供电线的高拉桩杆拉线，其正副拉线的中间，均应加装拉紧绝缘子，以保证线路安全。

（2）装设高拉桩杆的正拉线时，应按以下要求。

① 正拉线与道路的路面、其他建筑物或障碍物的最小净距，与线路的最低层线条要求的最小净距相同。

② 正拉线在电杆上或高拉桩杆上的捆扎方法及要求，分别与一般拉线的上把和中把缠扎方法相同。

③ 正拉线采用钢绞线或五股及以上的绞合钢线（包括副拉线），如装设在木电杆或木高拉桩杆时，两端捆扎部分均应加装护杆铁板。

④ 正拉线在电杆上的装设位置，一般与普通的拉线相同，在高拉桩杆上的位置，应在副拉线装设位置下面约 20～30cm 处。

⑤ 正拉线的距高比大于 5 时，拉线规格可按所在的负荷区规定减少 1～3 股，但不应小于 3 股直径为 4.0mm 钢线的绞合拉线。

(3) 装设副拉线时，应按下列要求。

① 副拉线应采用直埋式，即拉线的一端直接缠在横木上，缠扎规格和要求与一般拉线地锚相同，不制作地锚辫，拉线的另一端在高拉桩杆上缠扎，其装设位置距离杆梢 25～30cm。

② 副拉线的距高比应尽可能等于 1。即在不受地形限制时，副拉线出土处与高拉桩的地面上距离，约等于高拉桩杆（装设拉线处）在地面上的垂直高度。

③ 拉线的方向应与正拉线及电杆、高拉桩杆在同一垂直面上。

④ 采用钢筋混凝土电杆作高拉桩杆时，不允许取消副拉线。拉线钢箍距高拉桩杆梢端的距离一般不小于 30cm。如副拉线采用螺栓拉线地锚时，要求其埋深不得小于 1.2m，其出土的长度不作规定。除上述要求外，均与木质高拉桩杆要求相同。高拉桩杆拉线的具体装设方法如图 1.58 所示。

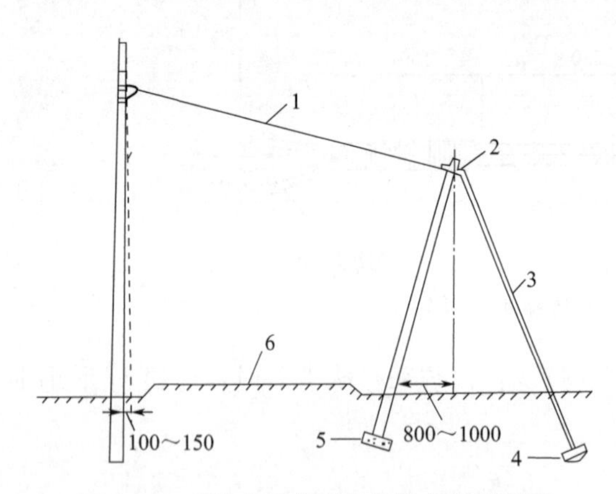

图 1.58　高拉桩杆拉线的装设方法示意图

1—正拉线；2—拉线抱箍；3—副拉线；4—地锚；5—底盘；6—道路

5. 吊板拉线装设

在市区中，由于受房屋建筑、街道狭窄或其他特殊地形的限制，拉线需设在路旁或人行道上，为便于行人和其他原因，其距离比小于 1/2 时，可采用吊板拉线（但仅限于木电杆，在钢筋混凝土电杆为角杆时，不应采用，若不得已，应加大电杆的等级）。

吊板拉线装设的要求一般如下。

(1) 吊板拉线的距高比为 1/4～1/2 时，拉线规格应按所在负荷区规定的规格增加一倍。距高比不应小于 1/4。

(2) 吊板拉线的角深一般不应超过 8m。

吊板拉线在电杆上的一般装设方法如图 1.59 所示。

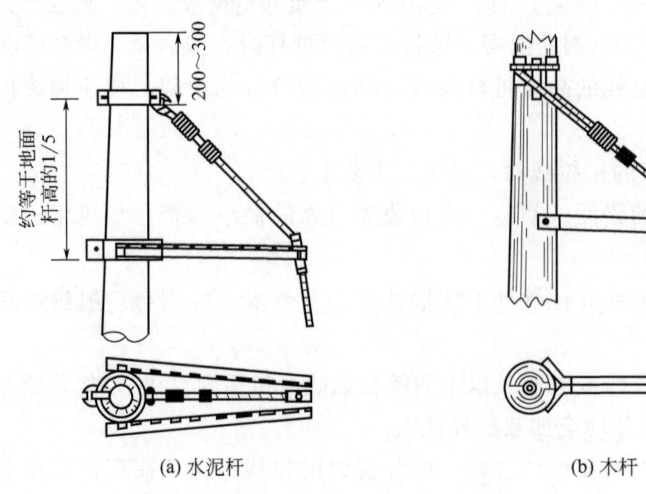

图 1.59　吊板拉线示意图

6. V 形拉线

在同一根电杆上的同一方向必须装设两条拉线，但因地形受到限制，无适当位置可分别埋设拉线地锚，可采用 V 形拉线。V 形拉线的共用地锚横木应加大直径或增加根数（即多根横木），但两条拉线宜各用一个地锚辫（必要时采用拉线调整螺钉），以便调整拉线的松紧。

7. 八字顶头拉线

当架空线路转弯时，其线路角杆的偏转角为 110°～130°（角深 13～25m），装设一条拉线不能抵消线条的很大张力时，可采用八字顶头拉线。根据汇交力平衡条件及合成张力的原则，为加强反张力的强度，统一采取将两条拉线各内移 60±5cm，如图 1.60 所示，当偏转角度小于 110°时，应分别设置顶头拉线。

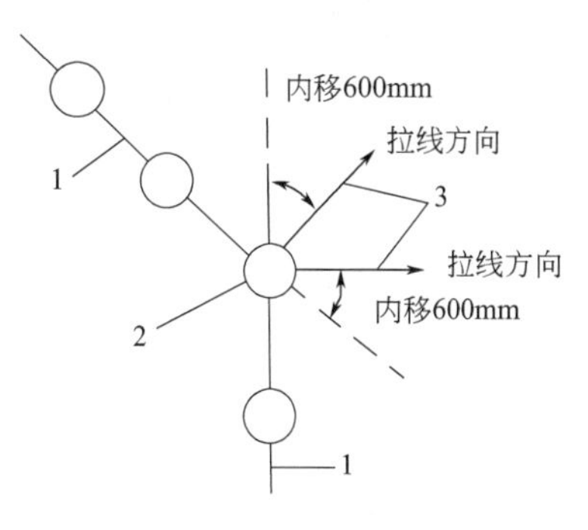

图 1.60　八字顶头拉线示意图
1—吊线；2—角杆；3—拉线

（二）吊线安装

1. 光（电）缆吊线规格的选用

光（电）缆吊线规格一般为 7/1.8、7/2.0、7/2.2、7/2.6、7/3.0，选用光（电）缆吊线规格应根据所挂光（电）缆重量，杆挡距离，所在地区的气象负荷及今后发展情况等因素决定。

2. 吊线夹板的安装

（1）吊线夹板距电杆顶的距离，一般情况下距杆顶不小于 500mm，在特殊情况下不应小于 250mm。

（2）背挡杆吊线可以适当降低，吊挡杆吊线则可适当升高，但距杆梢不得小于 250mm，原则上同一直线上的吊线应装设在同一水平线上，且不得随意穿越 380V 以下电力线。

（3）吊线夹板在第一条吊线安装时应在前进方向左侧，夹板位置不能随意改变方向；第一条吊线夹板距第二条吊线夹板间距为 400mm。

（4）在角杆上装设吊线夹板，其夹板的线槽应向上，夹板的唇口应根据光（电）缆吊线的合力角而定，当电杆为内角杆时，其唇口背向电杆；当电杆为外角时，其唇口则面向电杆。如图 1.61 所示。

（5）根据设计要求同一层敷设两条吊线时，则安装双吊抱箍夹板，如图 1.62 所示。

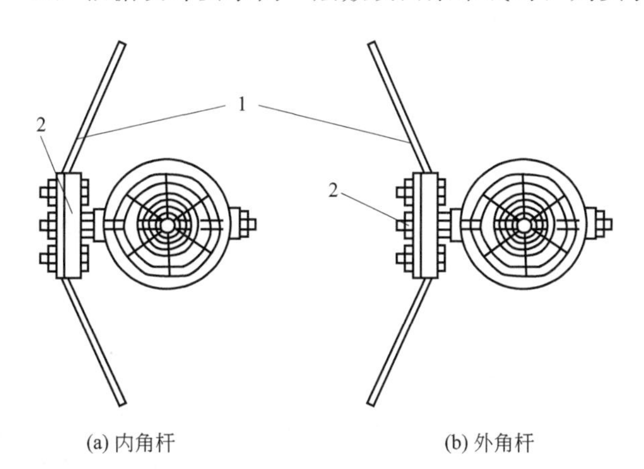

图 1.61　角杆吊线夹板装置方法
1—吊线；2—夹板唇口

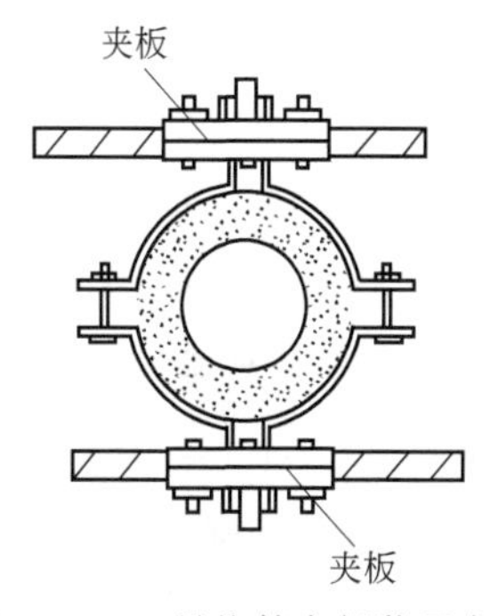

图 1.62　双吊抱箍夹板装置方法

(6) 对于混凝土电杆，在装设吊线夹板时，可以采用穿钉法（电杆上有预留洞孔）、钢箍法、钢担法三种，如图 1.63 所示。

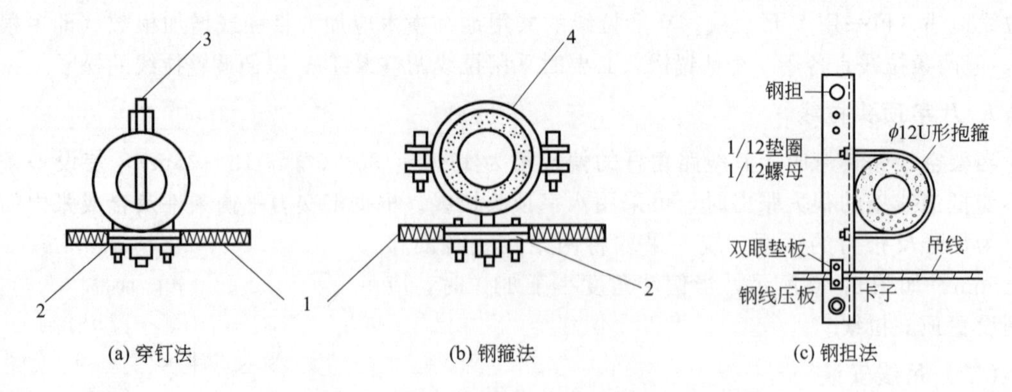

图 1.63　混凝土电杆装设吊线夹板的三种方法

1—吊线；2—三眼单槽夹板；3—穿钉；4—吊线抱箍

3. 吊线布放

布放吊线时，应尽可能使用整条较长的钢绞线，减少中间接头。一般要求，在一个杆挡内吊线的接续不得超过一处。

4. 吊线角杆、仰俯角辅助装置

(1) 为了加强在外角杆上光（电）缆吊线的固定程度，应根据角深的大小来考虑采取的加固方法，水泥杆在角深不大于 25m 时，应采用钢绞线作辅助装置，辅助吊线规格与吊线规格相同，可采用 ϕ10mm U 形钢卡固定或 3mm 钢线另缠法缠扎，加固方法如图 1.64 所示。

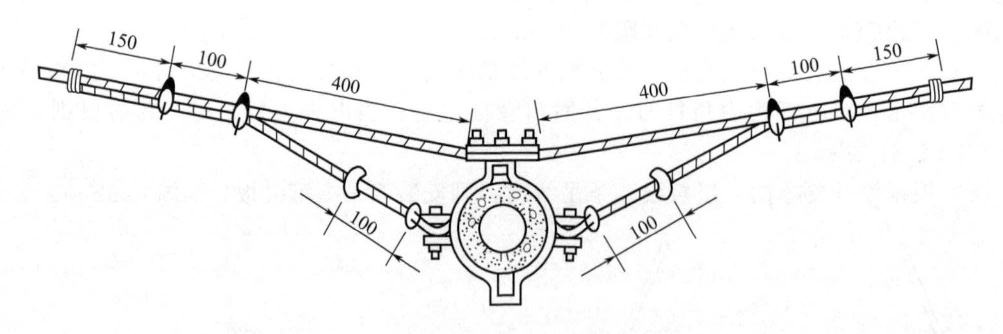

图 1.64　水泥角杆吊线辅助装置示意图

(2) 如光（电）缆吊线的坡度变化大于 20%时，电杆上应设置仰、俯角辅助装置。钢筋混凝土电杆常用拉线钢箍作辅助线装置，如图 1.65、图 1.66 所示。

5. 长杆挡吊线装置

杆距在 60～120m 时为跨越挡，跨越挡的吊线和背挡杆及吊挡杆角杆超过 3m 的内角吊线应做辅助吊线，辅助吊线规格应比主吊线规格大一级为宜，且辅助吊线应装置在主吊线上方 60cm 处，杆挡中间设 2～3 处连铁用于正副吊线连接。辅助吊线两端要做终端拉线。大于 120m 杆距的吊线称之为飞线，其施工要求应按设计规定。

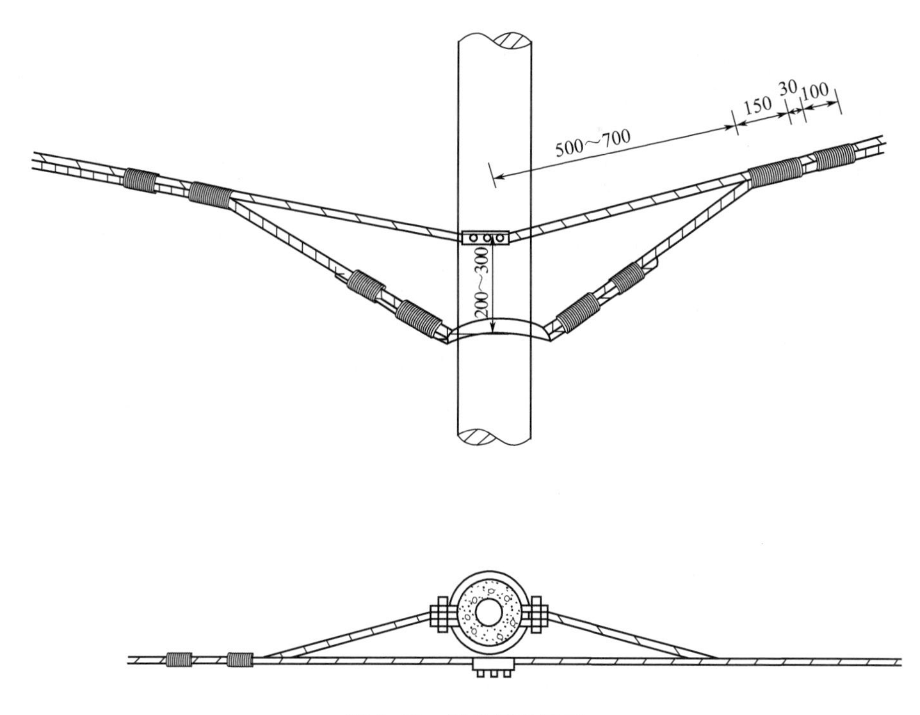

图 1.65　仰角辅助装置

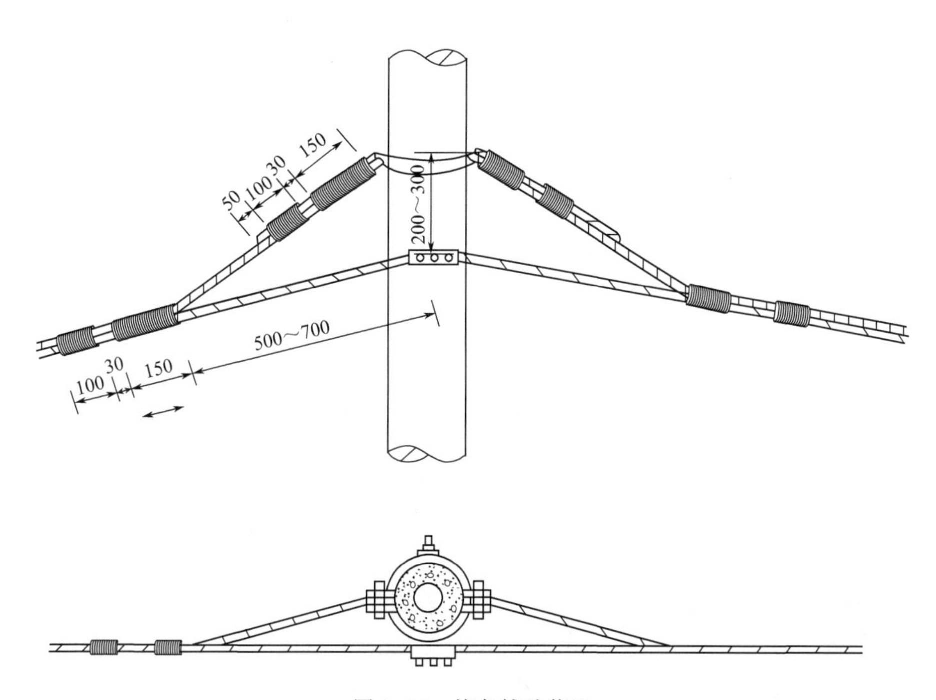

图 1.66　俯角辅助装置

架设长杆挡吊线时，必须先将跨越杆的双方拉线及副吊线终端杆的顶头拉线做好，在光（电）缆架挂后，其正、副吊线的结合处与跨越杆上正吊线的夹板，应基本上处在同一水平线上，如图 1.67 所示。

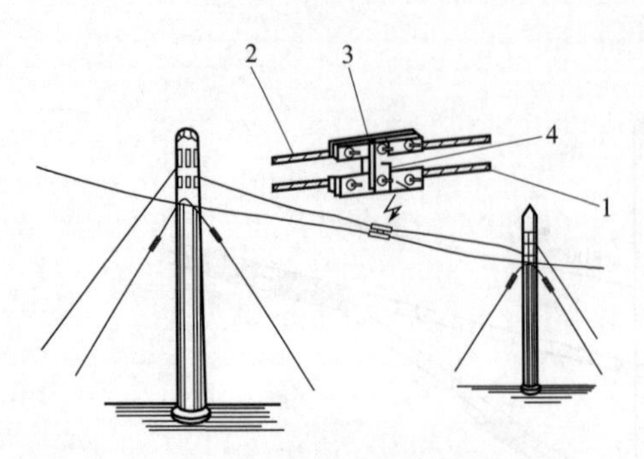

图 1.67　长杆挡正、副吊线装置

1—正吊线；2—辅助吊线；
3—三眼单槽夹板；4—钢板

6. 吊线连接方法

吊线连接方法有：终端结、假终结、十字结、丁字结和辅助结等几种，做好这几种结，可采用另缠法、夹板法和 U 形钢卡法，其中前两种方法采用比较普遍。

（1）单条吊线终端结：在吊线终端杆或角深 25m 以上的角杆，采用 ϕ1.6mm 钢丝，按要求均要做终端结，如图 1.68～图 1.70 所示。

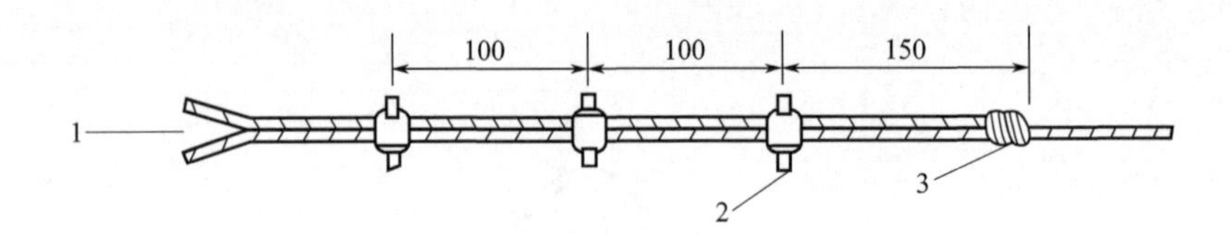

图 1.68　吊线卡固法终端结示意图

1—与电杆的连线；2—U 形钢卡子；3—ϕ1.6mm 钢线封口

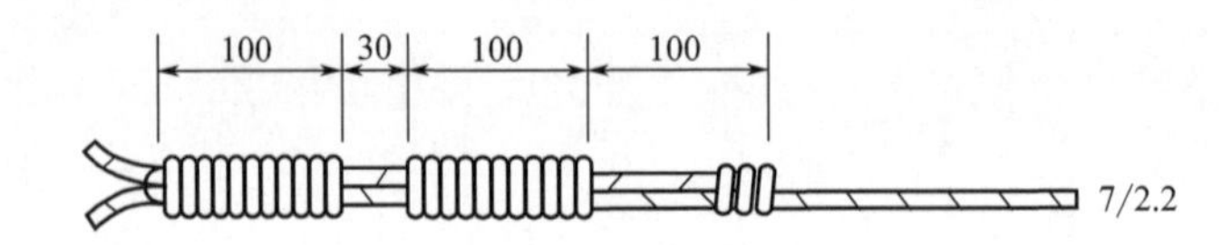

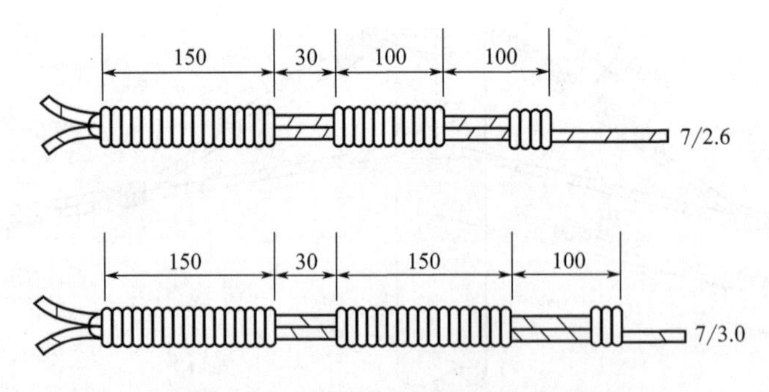

图 1.69　吊线另缠法终端结示意图

（2）吊线接续宜采用“套接”，套接两端可采用另缠法、夹板法和 U 形钢卡法，套接方式与吊线终端结方式相同，两端均应用同一种方法处理，如图 1.71 所示。

（3）十字结：当两条同一高度的吊线交叉而组成十字吊线时，应在交叉点设置十字结，如图 1.72 所示，它由两个三眼双槽夹板组成，较细的吊线应放在上面。

（4）丁字结：在市区内，无法由原有电杆用作光（电）缆分支线路或十字吊线时，如光

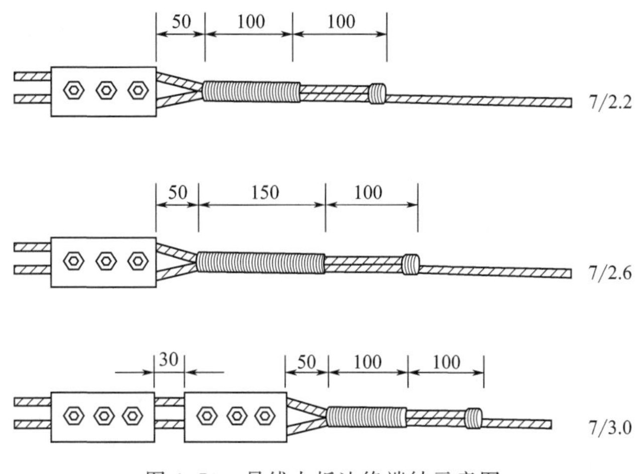

图 1.70　吊线夹板法终端结示意图

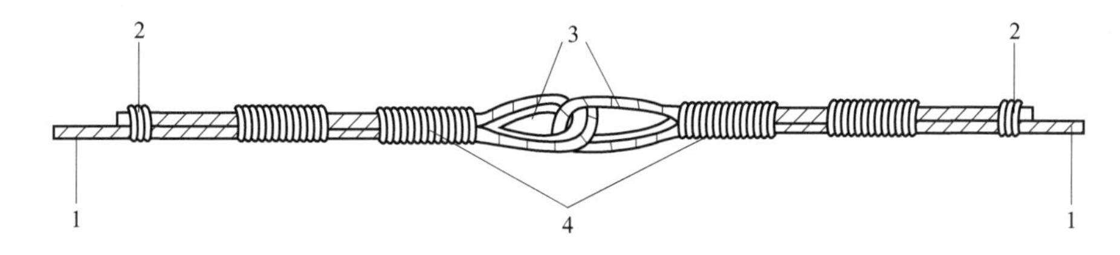

图 1.71　吊线接续“套接”示意图

1—吊线；2—ϕ1.6mm 钢丝封口；3—衬环；4—缠扎线把

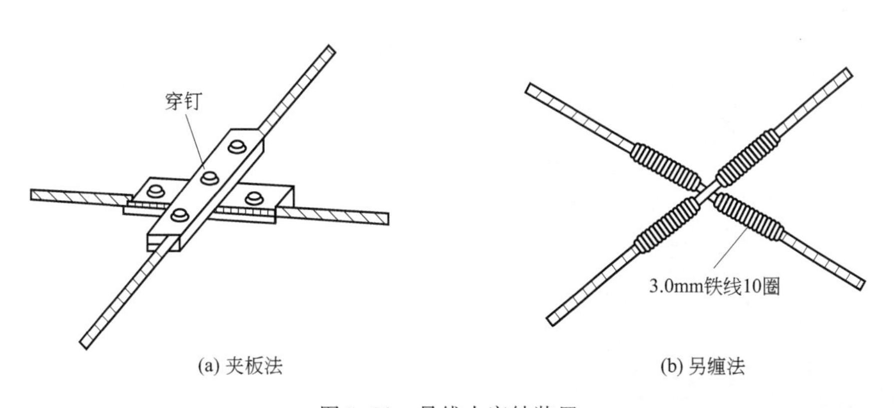

(a) 夹板法　　(b) 另缠法

图 1.72　吊线十字结装置

（电）缆负荷较小，可用夹板法制作丁字吊线，如图 1.73 所示。丁字吊线的长度一般不超过 10m，以免吊线垂度过大。如果丁字吊线长度超过 10m 时，可在适当地点加立电杆。

制作丁字吊线时，如果水平位置上有两条主吊线，则应将两条主吊线用茶台拉板连接在一起，如图 1.73(d) 所示。

7. 吊线垂度

光电缆吊线的原始垂度应符合以下要求：

① 在 20℃以下时，允许偏差应不大于标准垂度的 10%；

② 在 20℃以上时，应不大于标准垂度的 5%。

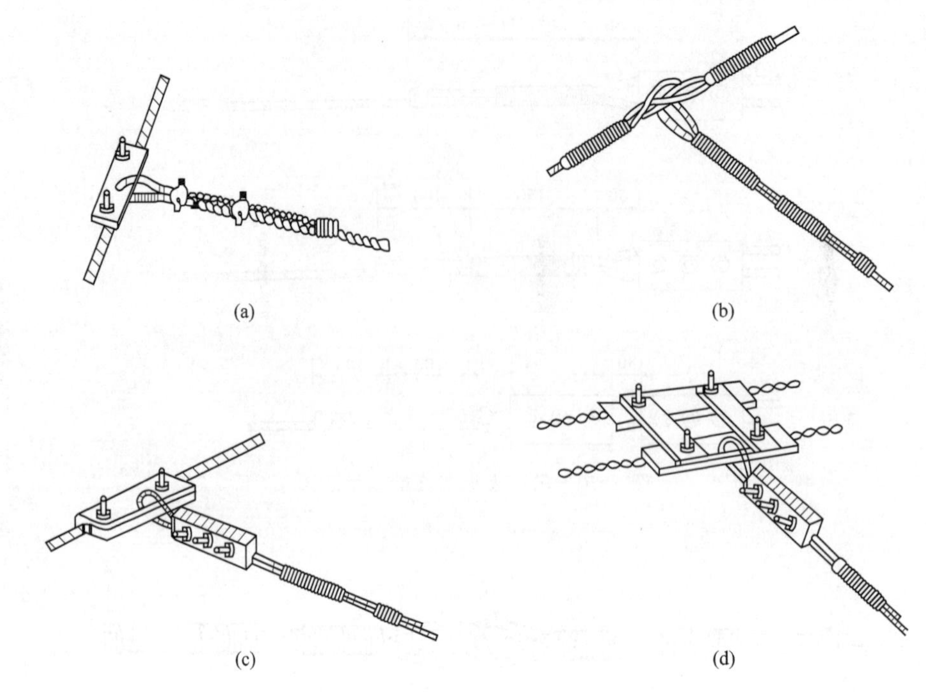

图 1.73　吊线丁字结卡固方法

【实训器材】

7/2.6 钢绞线、7/2.2 钢绞线、ϕ3.0mm 铁线、5 股拉线衬环、榔头、扳手、圈尺、8 寸或 6 寸钢丝钳、紧线器等器材工具。

图 1.74　吊线抱箍安装

【任务实施】

1. 拉线抱箍杆上安装

先在地面将拉线的一端做好 7/2.6 拉线上把，并安装到拉线抱箍串钉中，检查电杆牢固情况，对脚扣（或梯子）、安全带进行安全性试验，穿戴好劳保用品上杆，到达杆顶后拉紧安全带，将油绳放下，将拉线抱箍吊到杆上后安装拉线抱箍，拉线抱箍的安装离杆梢一般不小于 50cm 处，如图 1.74 所示。

2. 收紧终端拉线

将拉线头穿进地锚圆环内的衬圈中，用紧线器两龟爪分别夹住拉线中部与拉线端部（靠近地锚 60cm 以远处），如图 1.75 所示，然后转动紧线器扳手逐步收紧拉线，待拉线收紧后要求终端杆向拉线侧倾斜 100～200mm。

图 1.75 收紧拉线

3. 拉线中把制作

用另缠法做中把首节，长度 15cm，如图 1.76 所示，然后空（28±1)cm，如图 1.77 所示，用大卡钳剪断多余的钢绞线，保证拉线中把总长（63±1.9)cm。最后用 3.0mm 镀锌铁线缠绕 5 圈加 3 圈（3 圈指中把以外钢绞线上）收口，如图 1.76～图 1.79 所示。

图 1.76 拉线中把首节另缠法

图 1.77 拉线中把末节另缠法

4. 吊线终端抱箍与吊线抱箍的安装

(1) 先在地面将吊线的一端做好终结，并安装到终端抱箍串钉中，到达杆顶后拉紧安全带，将油绳放下，将终端抱箍与吊线一起吊到杆上后，安装终端抱箍到杆上，终端抱箍位置在拉线抱箍下方 10cm 处。

(2) 将吊线抱箍装到中间直线杆上，夹板唇口的安装方法如图 1.80、图 1.81 所示。

图 1.78　拉线中把收口

图 1.79　拉线中把制作完成

图 1.80　拉线中把

5. 吊线布放

布放吊线可采用以下几种方法。

（1）把吊线放在吊线夹板的线槽里，并把外面的螺母略为旋紧，以不使吊线脱出线槽为度，然后即可用人工牵引。

（2）将吊线放在电杆和夹板间的穿钉上牵引，但在直线线路上，每隔 6 根电杆或在转弯线路上的所有角杆（即外角杆）上，必须把吊线放在夹板的线槽里布放。

（3）先把吊线放开在地上，然后用油麻绳绑定（或吊线钳衔住）吊线，把吊线同时搬到电杆与夹板间的穿钉上进行收紧。采用此法必须以不使吊线受损、不妨碍交通、不使吊线无法引上电杆为原则。

图 1.81　夹板唇口

在布放吊线时，如遇到树木阻碍，应该先用麻绳穿过树木，然后牵引吊线穿过。

6. 收紧吊线

（1）在另一终端杆上安装好吊线终端抱箍，将吊线穿进这个抱箍的穿钉与电杆间的空隙，在地面人员配合下初步拉紧吊线，如图 1.82 所示。

图 1.82　初步收紧吊线

（2）安装紧线器如图 1.83 所示，用紧线器收紧吊线如图 1.84 所示。

7. 吊线终结制作

用另缠法制作终结如图 1.85 和图 1.86 所示。用另缠法做首节长度 15cm，然后空 3cm，再做末节 10cm，再用 ϕ3.0mm 铁丝缠绕收口，吊线终结总长 38±0.9cm。

图 1.83　安装紧线器

图 1.84　用紧线器收紧吊线

图 1.85　另缠法制作吊线终结

图 1.86　另缠法制作吊线终结完成

1. 布放架空吊线作业安全

(1) 布放架空吊线时，作业人员应穿绝缘鞋、戴绝缘手套，应用干燥的麻绳牵引，应切实注意钢绞线不要受外力损伤。布放时用力要均匀，切忌突然用力猛拉。

(2) 布放架空吊线先检查，以免线条卡住引起弹起或崩断伤人。

(3) 跨越铁路及高速公路等敷设钢绞线、电（光）缆应采用环系渡线法，应在两边设专人看守、观察指挥，当有列车临近时应停止工作。

(4) 跨越低压电力线放线，必须用保护支架或绝缘棒托住，不准搁在低压电力线上拖拉；下穿高压线等必须设置安全保护装置，防止缆线上弹触碰电力线路。

(5) 在高压线下穿钢绞线时，应将钢绞线用绳索控制在电杆上（不捆死），特别在通信线吊挡放线或紧线时，必须采取可靠措施，以防钢绞线和电（光）缆跳起碰到高压线上发生触电事故。

(6) 收紧吊线时每段紧线挡数最多不超过 20 个杆挡。如遇角杆较多或吊线坡度变化较大时，可适当减少紧线挡数。

(7) 在收紧吊线过程中，避免吊线碰触电力线或其他建筑物，吊线收紧后，应使各杆挡间吊线的张力或垂度保持均匀。

(8) 在电信线、电力线、有线电视线和广播线混用的杆上作业时，严禁触碰杆上的电力线、有线电视线和广播线及变压器、放大器等设备。

2. 收紧、拆除吊线一般注意事项

(1) 紧线先检查，以免线条卡住引起弹起或崩断伤人。

(2) 跨越铁路及高速公路等敷设钢绞线、电（光）缆应采用环系渡线法，应在两边设专人看守、观察指挥，当有列车临近时应停止工作。

(3) 跨越低压电力线放线，必须用保护支架或绝缘棒托住，不准搁在低压电力线上拖拉；下穿高压线等必须设置安全保护装置，防止缆线上弹触碰电力线路。

(4) 拆除中间多道钢绞线，应先将夹板松脱，最后一条钢绞线在松脱前应观察电杆变化，如有倒杆危险，应采取安全措施。

(5) 砍钢绞线或旧电缆时，要先观察有无电力线，并在砍线时通知其他杆上工作人员。

(6) 下雷阵雨、刮大风时应立即下杆，并且不要在杆下站立。

3. 拆、放吊线安全注意事项

(1) 布放架空吊线时，作业人员应穿绝缘鞋、戴绝缘手套，应用干燥的麻绳牵引，应切实注意钢绞线不要受外力损伤。布放吊线时用力要均匀，切忌突然用力猛拉。

(2) 布放吊线应尽量使用整盘钢绞线，以减少中间接头。新架挂的电（光）缆吊线在任何情况下，一个杆挡内只允许有一个接头。

(3) 收紧吊线每段紧线挡数最多不超过20个杆挡。如遇角杆较多或吊线坡度变化较大时，可适当减少紧线挡数。

(4) 在收紧吊线过程中，避免吊线碰触电力线或其他建筑物，吊线收紧后，应使各杆挡间吊线的张力或垂度保持均匀。

(5) 升高或降低钢线时必须使用紧线器，严禁肩扛拽拉。

(6) 拆除吊线时应用紧线器把被拆除吊线收紧，然后拆除吊线抱箍或吊线终结，再慢慢放松紧线器，使吊线的张力消失。拆除多条钢绞线时，最后一条钢绞线在松脱前，应先检查杆路变化，如有倒杆危险，应采取必要的安全措施。

4. 其他

城镇道路两侧的架空杆路的拉线所处位置不能妨碍车辆及行人，并做好拉线保护套管。

【实训质量要求及评分标准】

拉线、吊线安装实训质量要求及评分标准见表1.13。

表1.13 拉线、吊线安装实训质量要求及评分标准

时间	分值	质量要求	评分标准
40min	100分	1. 拉线抱箍安装在吊线抱箍上方(10±1)cm,抱箍平正、牢固 2. 拉线上把首节(15±0.3)cm,空隙3cm,末节(10±0.3)cm,留长10cm,上把总长(38±0.9)cm 3. 拉线中把首节(15±0.3)cm,间隙(28±1)cm,末节(10±0.3)cm,留长10cm,中把总长(63±1.9)cm 4. 衬圈与鼻环紧密、正直 5. 线把应平直、无扭转 6. 缠扎紧密、无缝隙、不松动、不跳股、缠扎空隙小于0.1cm 7. 上把、中把副线方位正确(面向衬环副线在主线左边) 8. 拉线收后,杆梢向外角倾斜5～10cm,终端杆向张力反侧倾斜5～10cm 9. 正确使用工具,操作符合安全要求	1. 尺寸超标每处扣1分(上把、中把最多各扣4处) 2. 拉线抱箍不平正扣2分,紧固件螺钉松动每处扣2分(扳手旋转>90°为螺钉松动) 3. 补圈与鼻环不紧密扣2～5分 4. 线把不平直、扭转扣2～5分,线把与补环连接处有喇叭口扣2～5分 5. 缠扎线不紧密、松动、跳股每处扣2分 6. 缠扎线空隙超过0.1cm每匝扣0.5分 7. 线把封口散把每处扣3分 8. 杆梢偏移不在10～20cm内,扣2分 9. 副线方位错每处扣1分 10. 拉线或吊线松扣3分 11. 不正确使用工具每次扣1分 12. 违反安全操作扣3分/次,严重违反安全操作不得分 13. 超过时限1分钟扣1分,提前1分钟加1分(评分标准1～12项累计扣分30分,则不得加时间分)

【实训小结】

另缠法制作拉线中把与吊线终结是通信架空线路建筑施工的主要方法，通过拉线安装与吊线安装实训，学会了拉线与吊线的收紧方法，完成了杆路建筑的全部工序。在实训操作过程中要严格遵守《线路工安全操作规程》。

【思考题】

（1）拉线中把制作方式有哪几种？
（2）另缠法制作 7/2.6 拉线的尺寸要求怎样？
（3）收紧拉线与吊线过程中要注意哪些安全要求？

实训任务六　架空光缆的敷设

架空光缆敷设是架空通信线路施工的主要工作。本节主要是对架空光缆的敷设项目进行实训。

【任务描述】

根据通信线路工程中架空光缆敷设的流程，采用动滑轮边放边挂法进行架空光缆敷设。

【实训目的】

① 掌握架空光缆的敷设技能及相关的技术规范。
② 熟悉高处作业安全操作规程。

【知识准备】

（一）敷设材料

1. 挂钩（用于承托光电缆）

主要型号有 25、35、45、55、65 规格。根据光（电）缆外径进行选用，见表 1.14。

表 1.14　挂钩选用表

挂钩规格	光缆外径/mm
25	10 以下
35	11～16
45	17～22

2. 光缆

主要型号有 GYTA、GYTS 两种规格。

（二）光缆敷设要求

为了保证光缆敷设的安全和成功，光缆敷设时，应遵守下列规定。

（1）光缆的弯曲半径应不小于光缆外径的 15 倍，施工过程中应不小于 20 倍。

（2）布放光缆的牵引力不应超过光缆最大允许张力的 80%，瞬间最大牵引力不得超过光缆的最大允许张力，而且主要牵引力应作用在光缆的加强芯上。

（3）有 A、B 端要求的光缆要按设计要求的方向布放。

（4）为了防止在牵引过程中扭转损伤光缆，光缆牵引端头与牵引索之间应加入转环，光缆的牵引端头可以预制，也可以现场制作。

(5) 布放光缆时，光缆必须由缆盘上方放出并保持松弛的弧形。光缆布放过程中应无扭转，严禁发生打背扣、浪涌等现象。

(6) 机械牵引敷设时，牵引机速度调节范围应为 0～20m/min，且为无级调速，牵引张力也可以调节，当牵引力超过规定值时，应能自动告警并停止牵引。

(7) 人工牵引敷设时，速度要均匀，一般控制在 10m/min 左右为宜，且牵引长度不宜过长，可以分几次牵引。

(8) 为了确保光缆敷设质量和安全，施工过程中必须严密组织并有专人指挥，备有良好联络手段。严禁未经训练的人员上岗和无联络工具的情况下作业。

(9) 光缆挂钩安装要求。光缆挂钩卡挂间距要求为 50cm，允许偏差不大于±3cm，电杆两侧的第一个挂钩距吊线在电杆上的固定中点 (25±2)cm 左右。挂钩在吊线上的搭扣方向应一致，挂钩在吊线上的搭挂方向应一致，挂钩托板齐全。光缆挂钩卡挂过程中路过电杆必须用脚扣或梯子，严禁爬抱而过。

(10) 光缆预留安装要求。为防热胀冷缩，一般每隔 1～3 杆电杆要做一个伸缩弯，如图 1.87 所示，光（电）缆杆上引上安装方法如图 1.88 所示；接头预留或余缆安装如图 1.89 所示，光缆接头预留长度要求 5～10m，盘成圆圈后捆扎在杆上待用；架空光缆接头盒安装如图 1.90 所示。

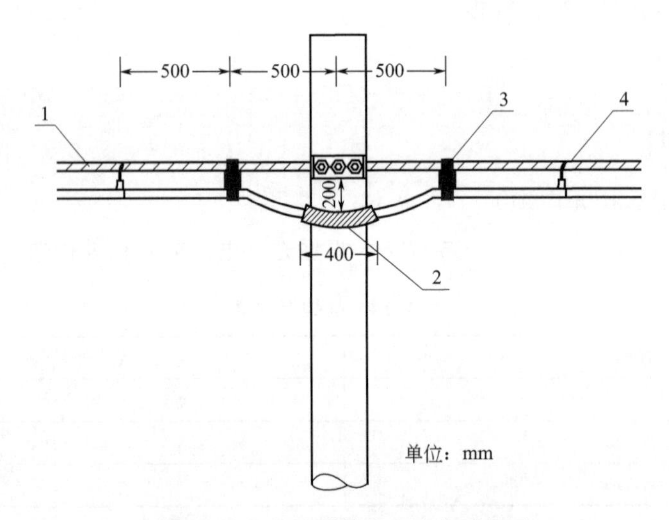

图 1.87　架空光缆伸缩弯安装示意图

1—吊线；2—聚乙烯管；3—扎带；4—挂钩

(三) 架空光缆的布放方式

架空线路的架设方法通常有预挂挂钩牵引法、动滑轮边放边挂法、定滑轮托挂法。

1. 预挂挂钩牵引法

预挂挂钩牵引法适用于架设距离不超过 200m 并有障碍物的地方，如图 1.91 所示。首先由线务员在架设段落的两端各装一个滑轮，然后在吊线上每隔 50cm 预挂一个挂钩，挂钩的死钩端应逆向牵引方向，以免在牵引光（电）缆时挂钩被拉跑或撞掉。在挂挂钩的同时，将一根细绳穿过所有的挂钩及角杆滑轮，细绳的末端绑扎抗张力大于 1.4×10^3kgf 的

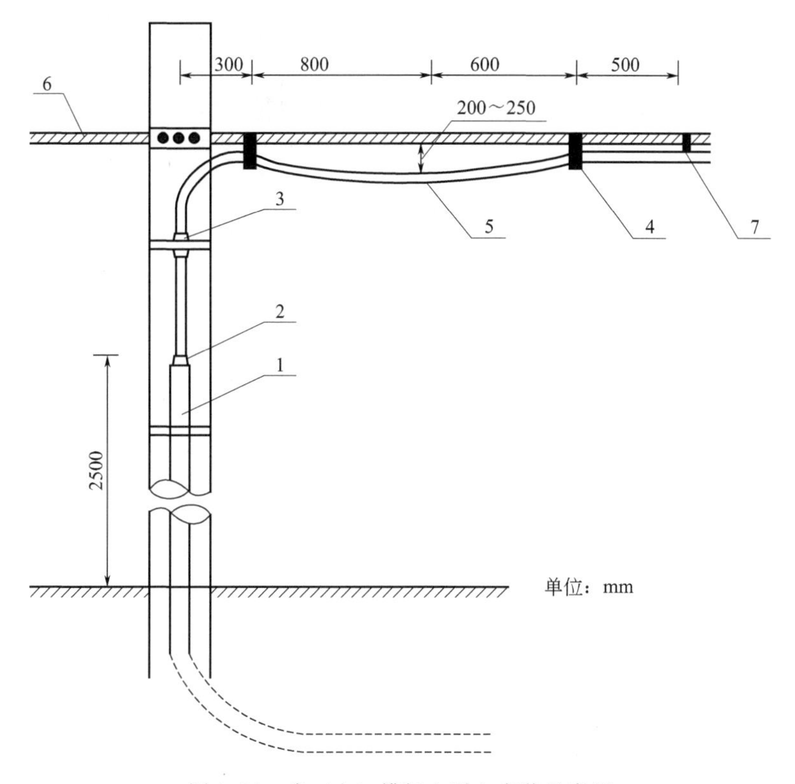

图 1.88 光（电）缆杆上引上安装示意图

1—引上保护管；2—子管；3—胶皮垫；4—扎带；5—伸缩弯；6—吊线；7—挂钩

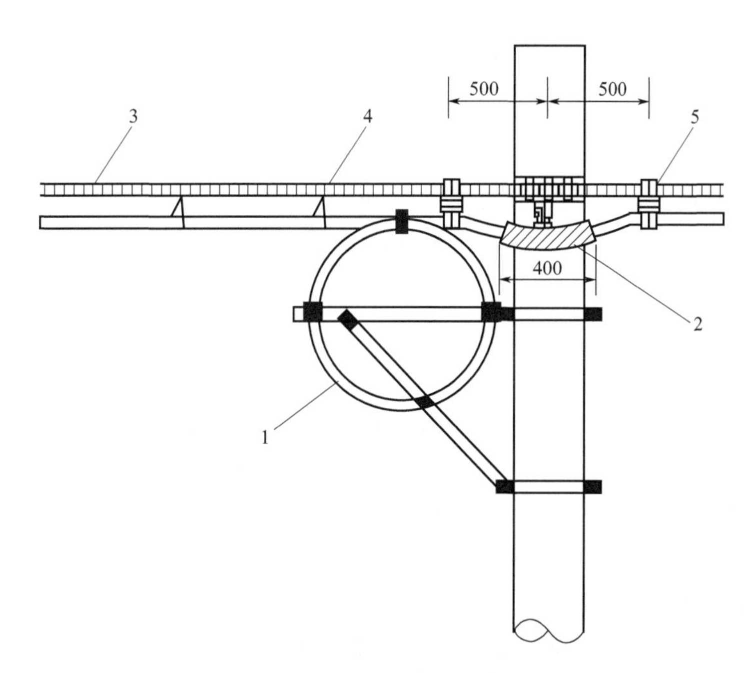

图 1.89 接头预留或余缆安装示意图

1—预留光缆；2—聚乙烯管；3—吊线；4—挂钩；5—扎带

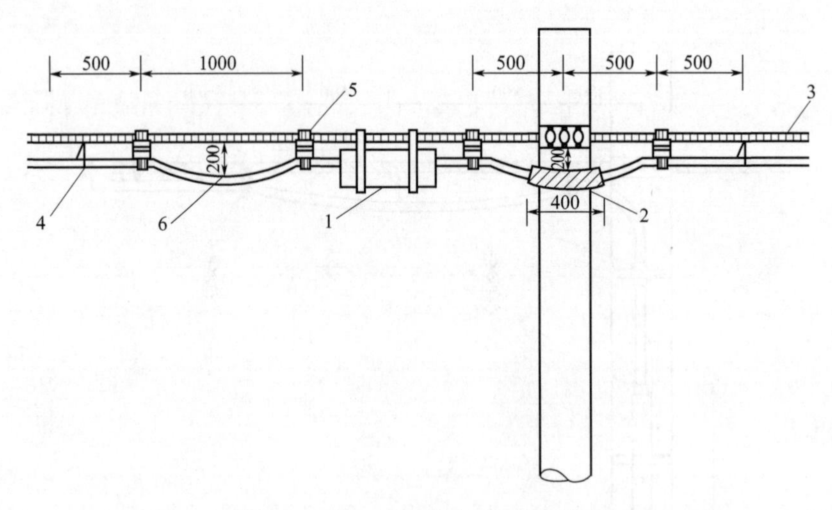

图 1.90　架空光缆接头盒安装示意图

1—光缆接头盒；2—聚乙烯管；3—吊线；4—挂钩；5—扎带；6—伸缩弯

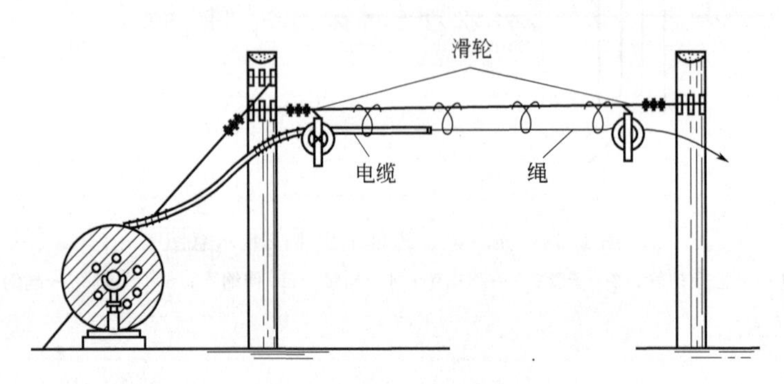

图 1.91　预挂挂钩牵引法

棕绳或铁丝，利用细绳把棕绳或铁丝带进挂钩里，在棕绳或铁丝的末端利用网套与电缆相接，连接处绑扎必须平滑并紧密缠绕 2～3 层胶布，以免经过光（电）缆挂钩时发生阻滞。光（电）缆架设时，用千斤顶托起光（电）缆盘，一边用人力转动光（电）缆盘；另一边用人力或汽车拖动棕绳或铁丝，使棕绳或铁丝牵引光缆穿过所有挂钩，从而将光缆架设到挂钩中。

2. 动滑轮边放边挂法

动滑轮边放边挂法如图 1.92 所示。首先在吊线上挂好一只动滑轮，在滑轮上拴好绳，在确保安全的条件下，把吊椅（坐板）与滑轮连接上，把光（电）缆放入滑轮槽内，光（电）缆的一头扎牢在电杆上，然后一人坐在吊板上挂挂钩，两人徐徐拉绳；另一人往上托送光（电）缆，使光（电）缆不出急弯，四人互相密切配合，随走随拉绳，随往上送光（电）缆，按规定距离卡好挂钩，光（电）缆放完，挂钩也随即全部卡完。

3. 定滑轮托挂法

定滑轮托挂法如图 1.93 所示。此法适用于杆下有障碍物不能通行汽车的情况。首先将光（电）缆盘支好，并把光（电）缆放出端与牵引绳连接好；然后在吊线上每隔 5～8m 挂上一只定滑轮，在转角及必要处加挂滑轮，以免磨损光（电）缆。定滑轮的滑槽应与光

图 1.92　动滑轮边放边挂法

图 1.93　定滑轮托挂法

（电）缆外径相适应。再将牵引绳穿过所有的定滑轮，牵引绳一端连接光（电）缆；另一端由人力或动力牵引，牵引时速度要均匀、稳起稳停、动作协调，防止发生事故。放好光（电）缆后及时派人上去挂好挂钩，同时取下滑轮，完成架挂。

【实训器材】

安全帽、反光背心、反光路障、脚扣及脚扣皮带、保安带、试电笔、坐板（滑车）、工具包、挂钩、电缆、光缆等。

【任务实施】

1. 操作步骤

（1）上杆工作前必须戴上安全帽与手套，认真检查杆根埋深和有无折断危险，必须检查脚扣和安全带的各个部位有无伤痕，并进行安全性试验；观察、了解附近有无电力线或其他障碍物。上杆时系上安全带，坐上滑板，双手扶杆，双脚扣卡紧电杆稳步上杆，到达杆顶后拉紧安全带，脱去一只手套，拿出测电笔对杆上有可能带电的物体由近向远逐一进行验电。

（2）将吊线滑板上端铁钩（或滑轮）安装到吊线上，如图 1.94 所示，将安全带从杆上移到吊线上（拢过吊线），如图 1.95 所示，脚扣离开电杆，并将脚扣挂到滑板铁钩上。开始挂光缆挂钩，如图 1.96 所示。光缆挂钩要正，挂钩托板不脱落或反转，靠近电杆侧的挂钩距电杆中心 25cm，其他挂钩间距为 50cm，死钩逆向光缆牵引方向。光缆平直，无明显的扭转或蛇形弯。中间过杆过程中保安带、滑车（或吊板）必须要有一样安全措施。

图 1.94　滑板上端铁钩安装图

图 1.95　安全带拢过吊线图

（3）下杆前先将脚扣套在脚上，然后用脚把两只脚扣分别扣到电杆上，将人体重心移到下面的脚扣上，再将安全带从吊线移到电杆上，从吊线上脱下滑板铁钩（或滑轮），最后用脚扣安全下杆。

图 1.96　人离杆作业图

2. 架空光缆余缆的安装

多余光缆在余线架上盘绕方法如图 1.97 所示，要求盘圈的直径大于 50cm，长度控制在 5～10m，然后用皮线交叉绑扎到余线架上铁条上，再在距电杆中心 50 cm 处（左右两侧），用皮线把光缆绑扎到吊线上，挂上光缆标牌。

图 1.97　架空光缆余缆安装图

施工安全注意事项如下。

1. 滑板（吊板）作业安全

在钢线周围 100cm 范围内有电力线（含用户灯线）时，禁止坐滑板作业。

(1) 吊板上的挂钩已磨损掉 1/4 时禁止使用，坐吊板交联绳捆扎应牢固。

(2) 坐吊板时，必须扎好保安带，并将保安带拢在吊线上。

(3) 不许有两人同时在一挡内坐吊板工作。

(4) 7/2.0以下的吊线上不准使用吊板（不包括7/2.0）。

(5) 坐吊板过吊线接头时，必须使用梯子，经过电杆时必须使用脚扣或梯子，严禁爬抱而过，造成意外人身事故。

2. “三线交越”规范与要求

(1) 架空通信线路与电力线路等交越时，最小净距应达到如下标准（电力线有防雷保护装置）：

① 与电力用户线交越时，二线间的净距应达到0.6m以上；

② 与1kV及以下低压电力线或农村高压广播线交越时，二线间的净距应达到1.25m以上；

③ 与1～10kV高压电力线交越时，二线间的净距应达到2m以上；

④ 与20～110kV高压电力线交越时，二线间的净距应达到3m以上；

⑤ 与154～220kV高压电力线交越时，二线间的净距应达到4m以上。

(2) 通信线上方跨越的10kV及以下的电力线、低压用户线及农村高压广播线，不论其净距是否达标，不论是裸线、皮复线、塑料线，还是橡胶线均应采取安全保护措施。10.5kV及以上高压电力线不安装保护套管。

(3) 安装三线交叉保护管等安全保护措施，其长度应超出电力等强电线路宽度两端各1m以上，并在两端加装止滑卡。如果交越点净距较高，则应适当加长安全保护措施长度，保护管加长必须按要求安装保护管连接卡。

(4) 同杆架设的多条电（光）缆，钢绞线第一道与第二道之间净距不到40cm的上下两条线路均要采取安全保护措施；超出40cm以上的，上做而下不做安全保护措施。

(5) 凡跨越主要公路等的架空线路都应安装警示标志，跨越高度（最小垂直距离）不符合维护规程要求的必须予以升高。

【实训质量要求及评分标准】

挂（拆挂）光缆实训质量要求及评分标准见表1.15。

表1.15 挂（拆挂）光缆实训质量要求及评分标准

时间	分值	质量要求	评分标准
15min（计时：检查电杆、工具开始至下杆止）	20分	1. 挂钩间距(50±3)cm，电杆两旁第一只挂钩离吊线夹板中心(25±2)cm，挂钩的死钩应逆向敷设前进方向或逆向牵引方向	1. 间距尺寸超标每超一处扣3分；死钩朝向错误每只扣3分
		2. 光缆应平直，无弯曲	2. 光缆不平直每处扣1分
		3. 挂钩正直	3. 挂钩不正每只扣1分
		4. 挂钩托皮不脱	4. 托板脱落每只扣1分
		5. 正确使用工具，操作符合安全要求	5. 违反安全操作每次扣1～3分，严重违反操作规程不得分
		6. 在规定时间内完成	6. 超过时限1min扣1分

【实训小结】

通过架空线路敷设的操作实训，理解了架空光缆线路敷设的操作流程及安全注意事项。

【思考题】

(1) 简述架空线路敷设的操作流程及注意事项。

(2) 架空线路敷设中需注意哪些安全事项？

第二章

光通信线路常用仪表的使用

本章内容主要是光通信线路常用仪表的操作方法和步骤，包括光源与光功率计、光纤识别仪、光电话机、OTDR、熔接机、光纤路由探测仪、有毒有害气体检测仪操作。

知识目标	能力目标
◆ 了解光源与光功率计的结构、原理与功能 ◆ 了解光纤识别仪的测量原理与功能 ◆ 了解光电话机的使用方法 ◆ 熟悉 OTDR 的结构、测量原理与功能 ◆ 理解 OTDR 的主要参数设置的要求 ◆ 熟悉光纤熔接机的结构与功能 ◆ 掌握光纤熔接的质量要求 ◆ 了解光纤路由探测仪的探测原理	◆ 能用光源与光功率计测量光纤通道总衰减 ◆ 能正确使用光纤识别仪 ◆ 能设置 OTDR 的主要参数 ◆ 能测量链路上发生事件的位置，链路的结束或断裂处位置 ◆ 能测量链路总损耗与衰减系数 ◆ 能测量光纤接头损耗 ◆ 能按命名要求保存曲线 ◆ 能用熔接机规范地熔接光纤 ◆ 能正确使用光纤路由探测仪

实训任务一 光源与光功率计的使用

光源与光功率计的使用是通信光缆工程测试的基本工作。本节主要是对这两种仪表的使用进行实训。

【任务描述】

用光源与光功率计测量光纤通道总衰减。

【实训目的】

① 了解光源与光功率计的结构与功能；
② 会使用光源与光功率计；
③ 掌握光功率计特性；
④ 掌握常用光源特性。

【知识准备】

光源与光功率主要用于中继段光纤通道总衰减的测试和一些光器件的功率、损耗值。

图 2.1 是常用光源、光功率计的结构示意。

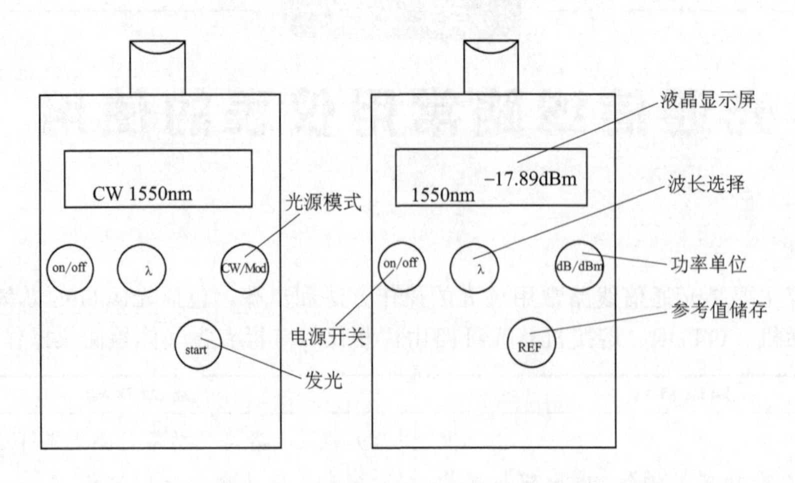

图 2.1 光源、光功率计的结构示意

1. 光源

光纤通信测量中使用的光源有三种：稳定光源、白色光源（即宽谱线光源）及红外可见光源。

稳定光源是测量光纤衰减、光纤连接损耗，以及光器件的插入损耗等不可缺少的仪表。根据光源种类分为发光二极管 LED 式和激光二极管 LD 式两类。

白色光源是测量光纤、光器件等损耗波长特性用的最佳光源（如剪断法），通常卤钨灯作为发光器件。

可见光光源是测量简单的光纤近端断线障碍判断、微弯程度判断、光器件的损耗测量、端面检查、纤芯对准及数值孔径测量等，以氦-氖激光器作为发光器件。

稳定光源的工作原理是发光器件加上功率、电压稳定控制电路等组成，发光二极管式稳定光源是采用温度补偿式稳定电路；激光二极管式稳定光源是采用自动温度控制（ATC）和自动功率控制（APC）电路。

2. 光功率计

光功率计是用来测量光功率大小、线路损耗、系统富裕度及接收机灵敏度等的仪表，是光纤通信系统中最基本，也是最主要的入门测量仪表。

光功率计的种类可分为模拟显示型和数字显示型；根据可接收光功率大小不同，可分成高（10～40dBm）、中（0～55dBm）和低（0～90dBm）三种类型；按接收波长不同，可分为长波长型（1.0～1.7μm）、短波长型（0.4～1.1μm）和全波长型（0.7～1.6μm）。

光功率计一般都由显示器和检测器两部分组成。图 2.2 是一种典型的数字显示式光功率计的原理框图。

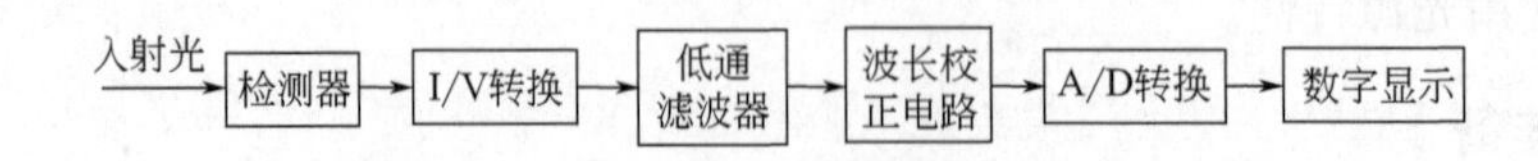

图 2.2 数字显示式光功率计原理框图

【实训器材】

1. 实训材料

（1）已知标准的标准尾纤。

（2）酒精及清洁棉球。

（3）已知标准的珐琅盘。

2. 实训工具设备

光源、光功率计。

【任务实施】

光源、光功率计测试链路损耗方法与步骤。

（1）开机检查电源能量情况，并预热光源 5～10min。

（2）设置：按需要设置光源，如连续状态（CW）或调制状态（M）及频率、波长选择、功率单位（一般为 dBm,），确认一致性。

（3）校表：将两段（3M）已知标准尾纤用已知标准珐琅盘连接，两端分别配套耦合入光源、功率计的连接口，记录功率值，连续耦合 3 次，进行平均后记为入射功率 P_1。如果需测试中继段光纤通道总衰减，即从光发送机光接口外到光收机光节口外之间的光纤通道总衰减。可以只用一段尾纤来测量。

（4）测量：在需测链路的两端用尾纤通过 ODF 珐琅盘，将仪表和光缆终端耦合，注意擦清连接部位，待读数稳定后，记录功率值为出射功率 P_2。链路衰减即为 $a=P_1-P_2$。

【实训质量要求及评分标准】

确认方法与步骤正确，数据准确。光功率计的使用实训质量要求及评分标准见表 2.1。

表 2.1　光功率计的使用实训质量要求及评分标准

时间	分值	质量要求	评分标准
3min	10 分	使用光功率计测试交接箱端口光功率(1490nm)	1. 光功率计波长设置不正确或光源与光功率计波长不对应扣 3 分(使用 1490nm) 2. 尾纤连接前不清洁每次扣 2 分 3. 测试数据偏差超过 10%扣 2 分,超过 20%不得分

【实训小结】

（1）光源光功率计的使用要根据不同的使用情况选择不同类型的光功率计，要与实验的测量范围和显示分辨率相一致。

（2）在测试光缆链路时最好是使用和网络设备波长一致的光源进行测试，并且要注意待测光纤及连接器的型号匹配。

（3）如果测量中出现某一链路与其他相同传输条件的链路功率相差过大，应重新擦清连接部位，仍然偏差过大，则应将链路光纤终端直接和仪表相连以排除珐琅盘故障；如偏差仍存在，就应用 OTDR 或其他仪器核实链路中的实际情况。

（4）测链路的两端用尾纤每次连接前必须用酒精棉球擦清。

【思考题】

测试链路损耗的数据不准确有哪些可能原因？

实训任务二 光纤识别仪的使用

光纤识别仪的使用是通信光缆工程割接的基本工作。本节主要是对这种仪表的使用进行实训。

【任务描述】

用光纤识别仪探测光纤信号，并判断光信号流向。

【实训目的】

① 会使用光纤识别仪。
② 掌握光纤识别仪的使用规范要求。

【知识准备】

光纤识别仪如图 2.3 所示，是一种光纤维护和安装必备的工具，用于无损的光纤识别工作，可在单模光纤的任何位置进行探测。在维护、安装、布线和恢复期间，常需要在不中断业务的情况下寻找和分离特定的一根光纤，通过在一端把 1310nm 或 1550nm 带调制（1Hz、2Hz、270Hz）的信号射进光纤，用识别仪在线路上把它识别出来，还可以指示业务的方向和光纤中功率的大小。它是利用宏弯测量原理，宏弯是利用光纤弯曲时泄漏出微弱的光信号，通过判断泄漏的方向和强度来检测光信号的方向和强度。不损伤光纤，不中断通信，并可以直接检测 0.25mm 裸光纤，0.9mm 紧套管光纤和 2.5mm 跳线。

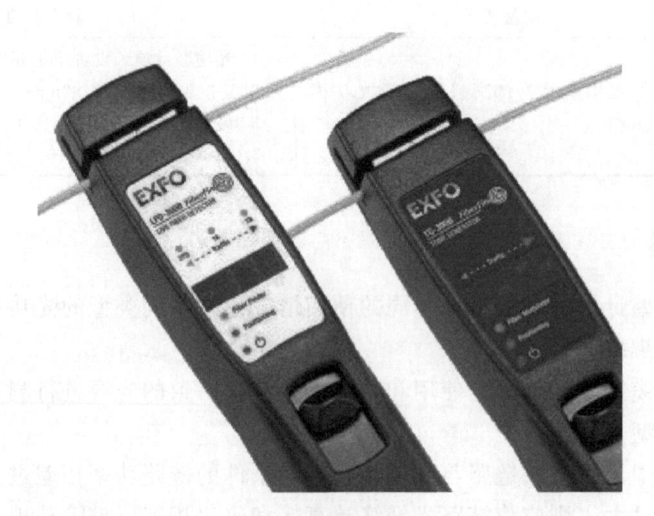

图 2.3　光纤识别仪

对 9000 光纤识别仪介绍如下。

（1）动态范围宽，应用范围广。9000 光纤识别仪的动态范围很宽，可以识别宽频谱信号；高品质的应用范围广，如模拟系统和掺铒放大器均在它的动态范围之中。

还有更多的基本应用，对 SONET/SDH 和 DWDM 系统内传输物理层均能进行测试。9000 光纤识别仪能为当前及将来的光纤通信提供完善的测试手段。

（2）独特的带可见红外光。其入纤功率可达 1mW，可判断距离小于 4km 内的光纤断点和折裂点并定位。

（3）适用于各种光纤，性能优越。9000 光纤识别仪能够测试各种光纤。三挡调节设计（专利设计）能够测试 250μm、900μm，带状及 2mm、3mm 带护套光纤，其有效的设计使其具有最佳性能，同时对各种光纤的弯曲损耗也很小。

【实训器材】

1. 实训材料

① 尾纤。

② 酒精及清洁棉球。

③ 单模光缆二段（含一个接续点）。

2. 实训工具设备

光源、光纤识别仪。

【任务实施】

（1）利用在用光通信系统找出在用光纤，并判断光信号流向。

（2）在一段光缆起始端接入光源，然后在光缆接头处检测光信号。

【实训质量要求】

实训方法正确，能识别在用光纤并判断光信号流向。

【实训小结】

通过实训能理解测量原理，通过测量能判断光信号的方向和强度，也可以用来识别查找光纤。

【思考题】

光纤识别仪检测不出光纤光信号有哪些可能原因？

实训任务三　OTDR的使用

OTDR 是通信光缆工程施工与维护中常用的一种测试仪表。本节主要是对 OTDR 的使用进行实训。

【任务描述】

① 用 OTDR 测量光纤的衰减和损耗和光纤的长度。

② 用 OTDR 分析线路故障。

【实训目的】

① 掌握链路上发生事件的位置，链路的结束或断裂处位置的测量。

② 掌握链路中的光纤衰减系数的测量。

③ 掌握单个事件的损耗（例如一个接头）或链路上端到端合计损耗的测量。

④ 掌握多个事件累计损耗的测量。

⑤ 掌握链路长度的测量。

【知识准备】

1. OTDR 的用途

OTDR 是使用率非常高的光纤测试仪表之一，它在光缆线路维护中起着非常重要的作用。它能实现如下多种测试功能。

① 长度测试：例如单盘测试长度、光纤链路长度。

② 定位测试：如光纤链路中的熔接点、活动连接点、光纤裂变点、断点等的位置测试。

③ 损耗测试：测试以上所述各种事件点的连接、插入、回波损耗，以及单盘或链路的损耗和衰减。

④ 特殊测试：例如据已知长度光纤推测折射率等。

除了测试功能外，它还能实现光纤档案存储、打印，以及当前、历史档案对比等功能。

2. OTDR 的工作原理

OTDR 的英文全称为 Optical Time Domain Reflectometer。OTDR 用到的光学理论主要有瑞利散射（Rayleigh backscattering）和菲涅尔反射（Fresnel reflection）。这种测量方法由 M. Barnoskim 和 M. Jensen 在 1976 发明的。

光纤在加热制造过程中，热骚动使原子产生压缩性的不均匀，造成材料密度不均匀，进一步造成折射率的不均匀。这种不均匀在冷却过程中固定下来，引起光的散射，称为瑞利散射。正如大气中的颗粒散射了光，使天空变成蓝色一样。瑞利散射的能量大小与波长的四次方的倒数成正比。所以波长越短散射越强，波长越长散射越弱。需要注意的是能够产生后向瑞利散射的点遍布整段光纤，而且是连续的，而菲涅尔反射是离散的反射，它是光在传输过程中经过折射率不同的介质所产生的，它由光纤中的个别点产生，例如光纤连接器（玻璃与空气的间隙）、阻断光纤的平滑镜截面、光纤的终点等。

OTDR 类似一个光雷达，图 2.4 就是 OTDR 的工作原理简图。它先对光纤发出一个测试激光脉冲，然后观察从光纤上各点返回（包括瑞利散射和菲涅尔反射）激光的功率大小情况，这个过程重复地进行，然后将这些结果根据需要进行平均，并以轨迹图的形式显示出来，这个轨迹图就描述了整段光纤的情况。

这时可以从背向散射曲线得到实际平均衰减系数。

3. OTDR 中测试仪表中的几个参数

（1）测试距离。由于光纤制造以后其折射率基本不变，因此光在光纤中的传播速度就不变，这样测试距离和时间就是一致的，实际上测试距离就是光在光纤中的传播速度乘以传播时间，对测试距离的选取就是对测试采样起始和终止时间的选取。测量时选取适当的测试距

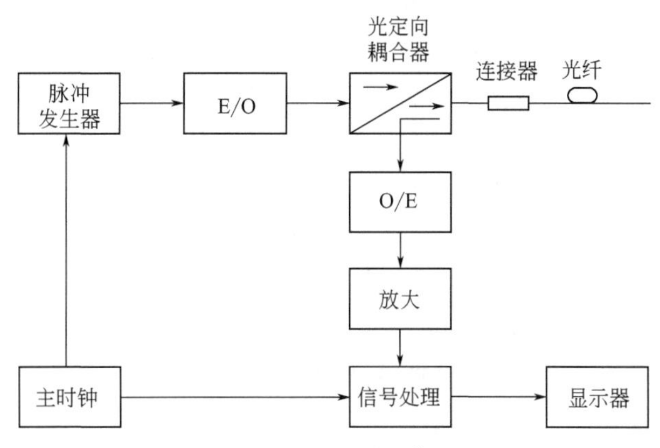

图 2.4　OTDR 的工作原理

离，可以生成比较全面的轨迹图，对有效地分析光纤的特性有很好的帮助，通常根据经验，选取整条光路长度的 1.5～2 倍之间最为合适。

从发射脉冲到接收反射脉冲所用的时间，再确定光在光纤中的传播速度，就可以计算出距离。以下公式用于测量距离 d。

$$d=(c\times t)/2(IOR)$$

其中，c 为光在真空的速度；t 为脉冲发射到接收的总体时间（双程）；IOR 是光纤的折射率。

（2）脉冲宽度。可以用时间表示，也可以用长度表示，很明显，在光功率大小恒定的情况下，脉冲宽度的大小直接影响激光能量的大小，光脉冲越宽光的能量就越大。同时脉冲宽度的大小也直接影响测试盲区的大小，也就决定了两个可辨别事件之间的最短距离，即分辨率。显然，脉冲宽度越小，分辨率越高，脉冲宽度越大，则分辨率越低。如图 2.5 所示。

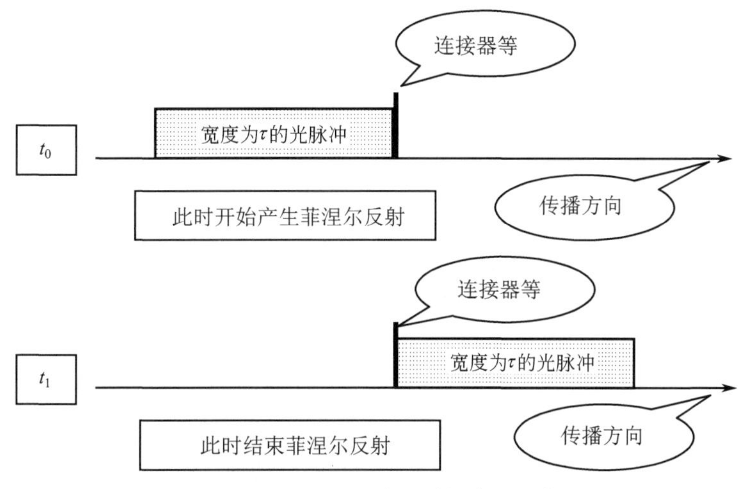

图 2.5　OTDR 测试中的时间盲区示意图

$$t_1=t_0+\tau$$

在此段时间内，将有菲涅尔反射和瑞利散射同时返回 OTDR，由于菲涅尔反射的光功率远远大于瑞利散射的光功率，瑞利散射就会淹没在菲涅尔反射中，在形成的轨迹图中就看不到瑞利散射，只能看到菲涅尔反射，形成一个盲区。盲区的大小直接与脉冲宽度 τ 有关。

(3) 折射率。就是待测光纤的实际折射率，这个数值由光纤的生产厂家给出，单模石英光纤的折射率在1.4～1.6之间。越精确的折射率对提高测量距离的精度越有帮助。这个问题对配置光路由也有实际的指导意义，实际上，在配置光路由的时候应该选取折射率相同或相近的光纤进行配置，尽量减少不同折射率的光纤连接在一起而形成一条光路。

(4) 测试光波长。就是指OTDR激光器发射的激光波长，波长越短，瑞利散射的光功率就越强，在OTDR的接收段产生的轨迹图就越高，所以1310nm波长的激光脉冲产生的瑞利散射的轨迹图样，就要比1550nm产生的图样要高。但是在长距离测试时，由于1310nm衰耗较大，激光器发出的激光脉冲在待测光纤的末端会变得很微弱，这样受噪声影响较大，形成的轨迹图就不理想，宜采用1550nm作为测试波长。在高波长区（1500nm以上），瑞利散射会持续减少，但是有一个红外线衰减（或吸收），因此1550nm就是一个衰减最低的波长，适合长距离通信。所以在长距离测试的时候，适合选取1550nm作为测试波长，而普通的短距离测试选取1310nm为宜，应视具体情况而定。

(5) 平均值。是为了在OTDR形成良好的显示图样，根据用户需要动态的或非动态的显示光纤状况而设定的参数。由于测试中受噪声的影响，光纤中某一点的瑞利散射功率是一个随机过程，要了解该点的一般情况，减少接收器固有的随机噪声的影响，要求其在某一段测试时间内的平均值。根据需要设定该值，如果要求实时掌握光纤的情况，那么就需要设定平均值时间为0（实时或刷新状态）。

(6) 动态范围。它表示后向散射开始与噪声峰值间的功率损耗比。它决定了OTDR所能测得的最长光纤距离。如果OTDR的动态范围较小，而待测光纤具有较高的损耗，则远端可能会消失在噪声中。目前有以下两种定义动态范围的方法。

① 峰值法：它测到噪声的峰值，当散射功率达到噪声峰值即认为不可见。

② SNR=1法：这里的动态范围是指后向散射开始与噪声均方根值间的功率损耗比，对于同样性能的OTDR来讲，其指标高于峰值定义大约2.0dB，如图2.6所示。

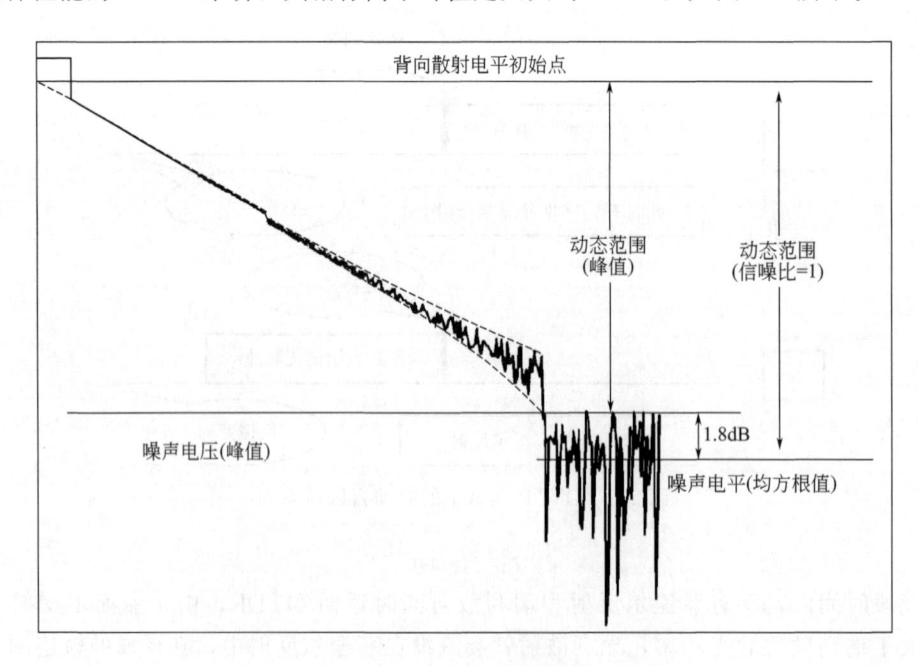

图2.6 动态范围的定义

（7）后向散射系数。如果两条光纤的后向散射系数不同，OTDR 上可能出现被测光纤“增益”现象，这是由于连接点的后端散射系数大于前端散射系数，导致连接点后端反射回来的光功率反而高于前面反射回的光功率的缘故，就是常说的接头“增益”的情况。遇到这种情况，建议用双向测试平均取值的办法对该光纤进行测量。

（8）盲区。它的产生是由于反射信号淹没散射信号，并且使得接收器饱和引起，通常分为衰减盲区和事件盲区两种情况，如图 2.7 所示。

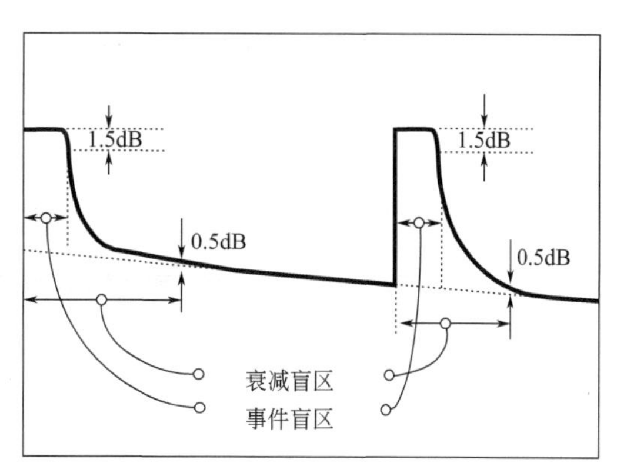

图 2.7　测试盲区的定义

① 衰减盲区：是指从反射点开始到接收点恢复后向散射电平均 0.5dB 范围内的这段距离。这是 OTDR 能够再次测试衰减和损耗的点，也就是能够分辨出下一个反射的最短距离。衰减盲区是能够分辨出下一个非反射的距离，在图 2.8 中，位于 540m 处的第一个接头点，在宽脉冲下观察不到。

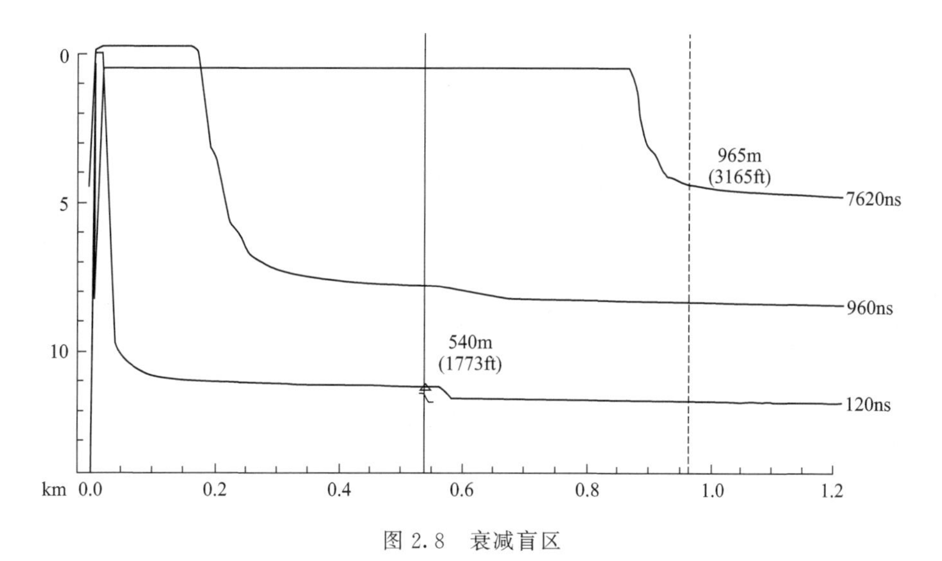

图 2.8　衰减盲区

② 事件盲区：是指从 OTDR 接收到的反射点开始，到 OTDR 回复的最高反射点 1.5dB 以下的这段距离，这里可以看到是否存在第二个反射点，但是不能测试衰减和损耗。

（9）鬼影（幻峰）。它是由于在较短的光纤中，注入的测试光脉冲较强，到达光纤末端 B 产生反射，反射光功率仍然很强，在回程中遇到第一个活动接头 A，一部分光重新反射回 B，这部分光到达 B 点以后，在 B 点再次反射回 OTDR，B 点二次反射回 OTDR 的光到达后依然很强，被 OTDR 接收处理后形成具有反射峰特征的曲线，如果 B 点是光纤末端，则显示的曲线好像 B 点后还有一段光纤；如果 B 点不是末端，则二次反射会叠加入曲线中，好像 B 点后（距离等于 A 到 B）还有一处接头。它有一个特点，二次反射峰到 B 点的距离正好是 B 点到 A 点的距离，这样在 OTDR 形成的轨迹图中会发现在噪声区域出现了一个反射现象，如图 2.9 所示（粗实线为一次反射，细实线为二次反射，虚线为等效的鬼影显示）。

在图 2.10 中的第 2 个反射脉冲就是活动连接器产生的鬼影，也就是 17.270km 处为真实事件（活动连接器），34.560km 为鬼影（1 个）。

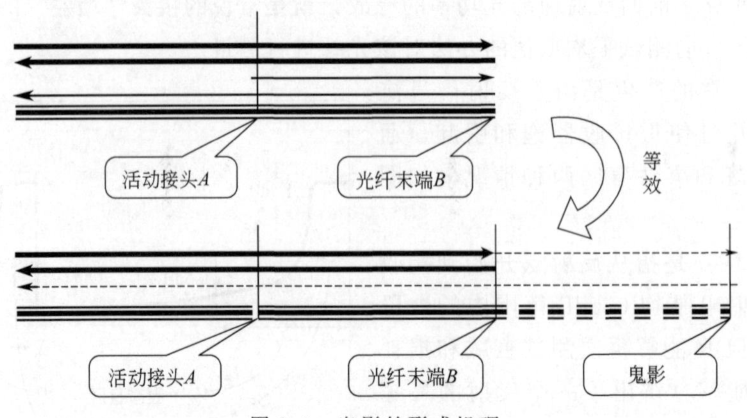

图 2.9　鬼影的形成机理

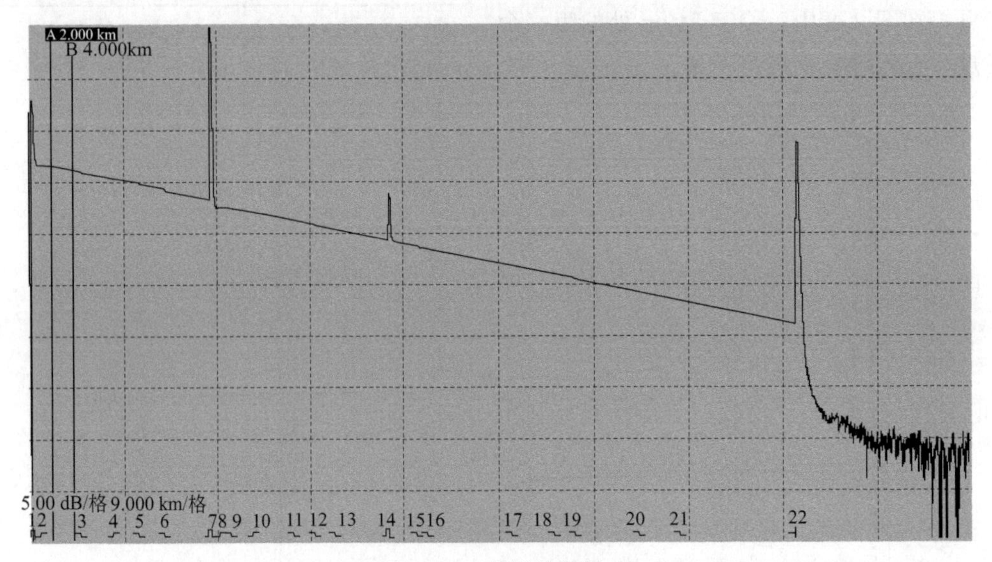

图 2.10　鬼影的案例

（10）分辨率。OTDR 是一个信号分析仪，它是从返回的信号中通过一定的间隔抽样取值的，事实上它的曲线是由离散的点组成的，那么抽样时钟的准确性、抽样间隔的盲点，都是客观存在的，它在影响着距离精度即——点分辨率。另外，屏幕显示的分析刻度也会影响着某些点的分辨能力。

【实训器材】

AQ7275OTDR、光纤

【任务实施】

1. OTDR 测试步骤

目前，OTDR 的品牌较多，其测试方法大同小异，只要掌握其中的关键步骤，再结合工作实际，举一反三，就能掌握其使用方法。下面介绍 OTDR 常规的使用方法。

（1）检查仪表的附件。

（2）开启电源如图 2.11 所示，进行自检，开机界面如图 2.12 所示。

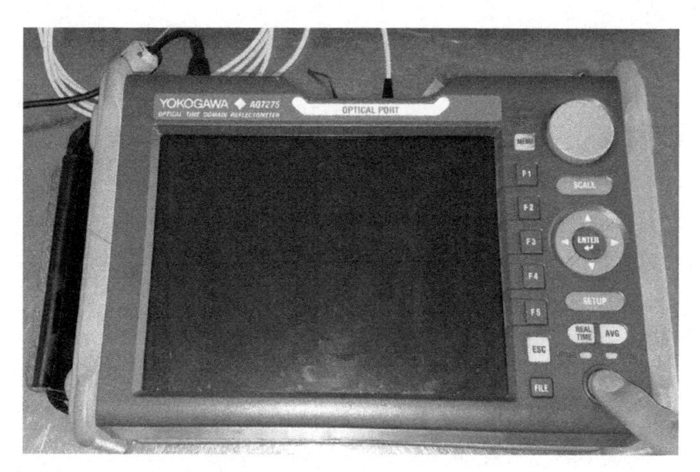

图 2.11　开启电源

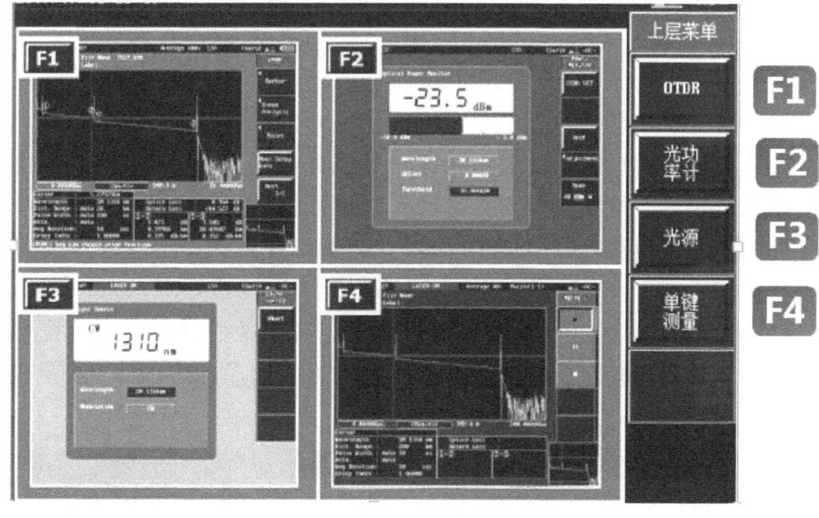

图 2.12　开机界面

（3）检查光纤对端有无接入其他设备、仪器，按 F2 使用 OTDR 中的光功率计模块。

（4）用酒精棉轻擦待测光纤，将待测光纤正确插入 OTDR 的耦合器内（图 2.13），确认待测光纤无光。

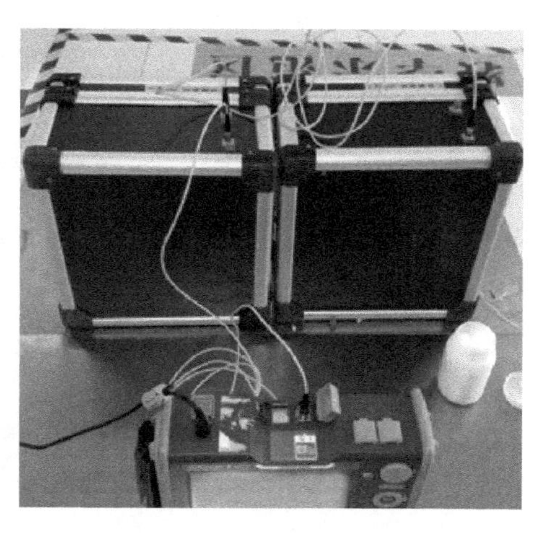

图 2.13　光纤测试连线图

（5）根据需要选择相应的功能，单击 F1 进入 OTDR 测试模块并进行光纤测试，如图 2.14 所示。

（6）用刷新（实时）状态估测链路长度（距离范围设置为自动），同时横向放大一挡，轻微调节连接头，使曲线起始端反射纵向高度尽量

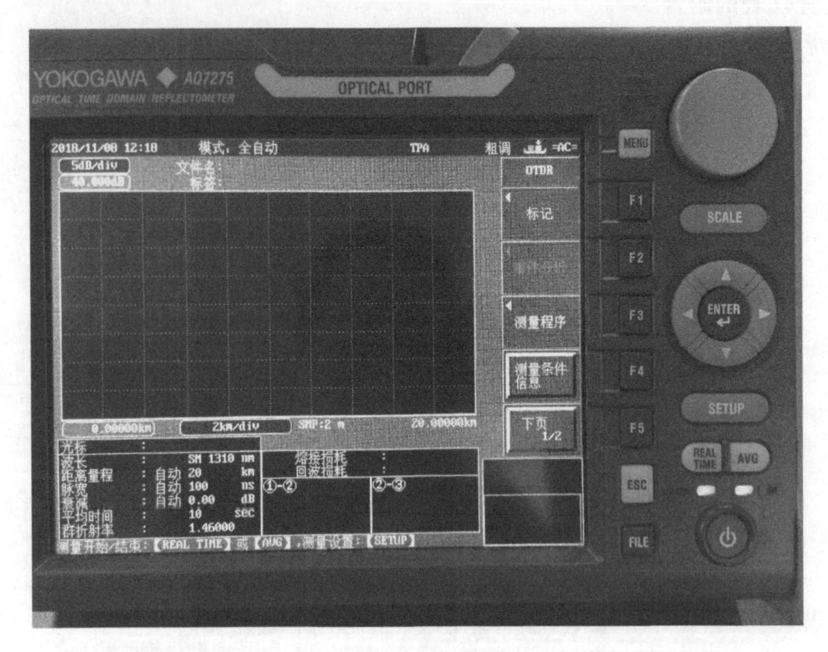

图 2.14　OTDR 测试界面

高，拖尾最短最平滑。

（7）设置参数（SETUP），可以选择四种测量模式，如图 2.15 所示，在全自动条件下不需要做任何设置，就可以得到测量结果，操作人员可以对数据自动保存的驱动器、近似方法、语言、日期时间进行设置，如图 2.16 所示。测量向导模式是根据提示设置各项条件后进行测量的一种模式，如图 2.17(a)、图 2.17(b) 所示，设置好测量条件后，按仪器上的 AVG 键，机器将进入测量状态。在手动测量模式中，各项条件都可以进行设置。设置的项目比测量向导更多。当测量时对于某项如果不熟悉，可以选择自动。手动测量模式中设置有

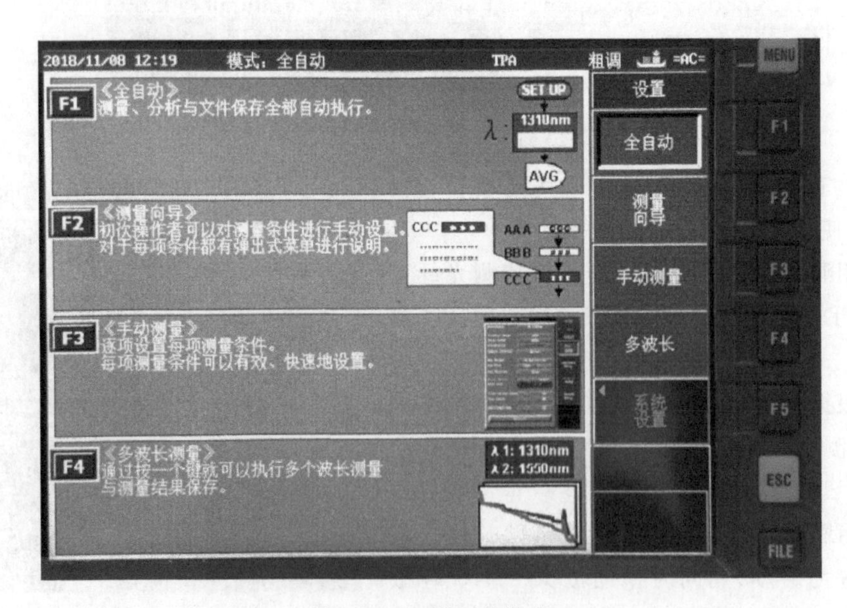

图 2.15　四种测量模式

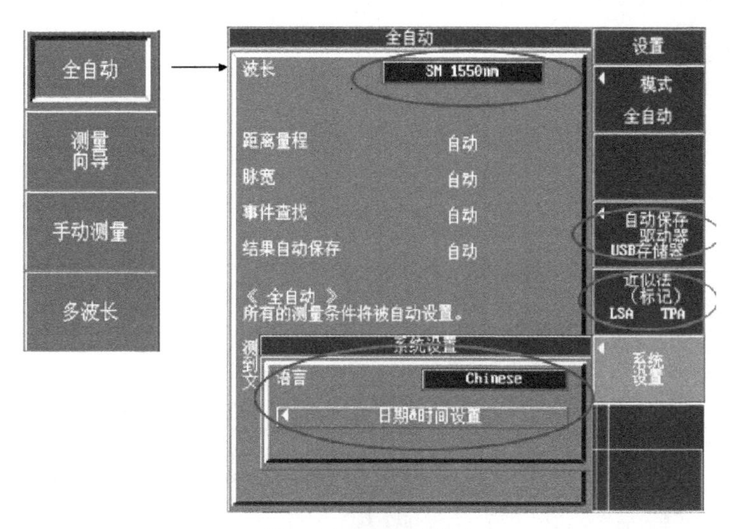

图 2.16　全自动模式

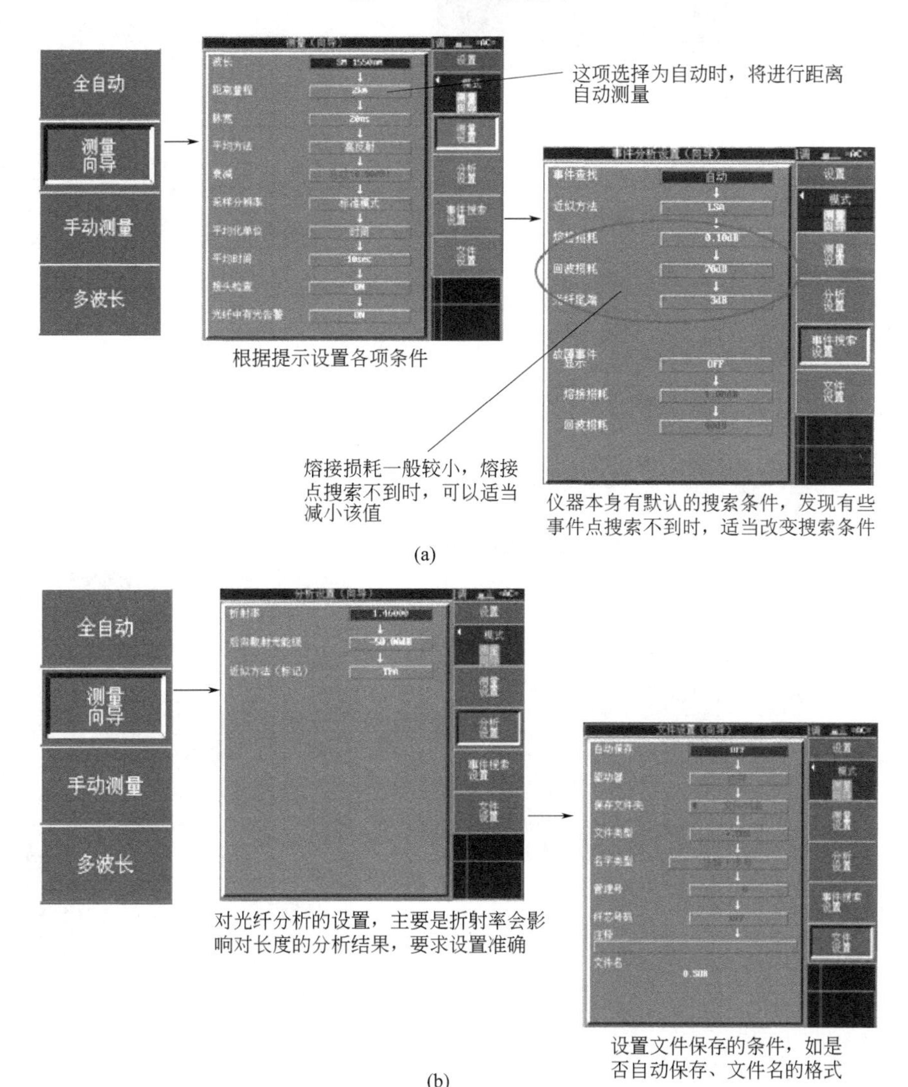

图 2.17　测量向导模式

测量设置、分析设置、显示设置、系统设置四类，如图 2.18 和图 2.19 所示，主要参数的设置如图 2.20～图 2.25 所示。

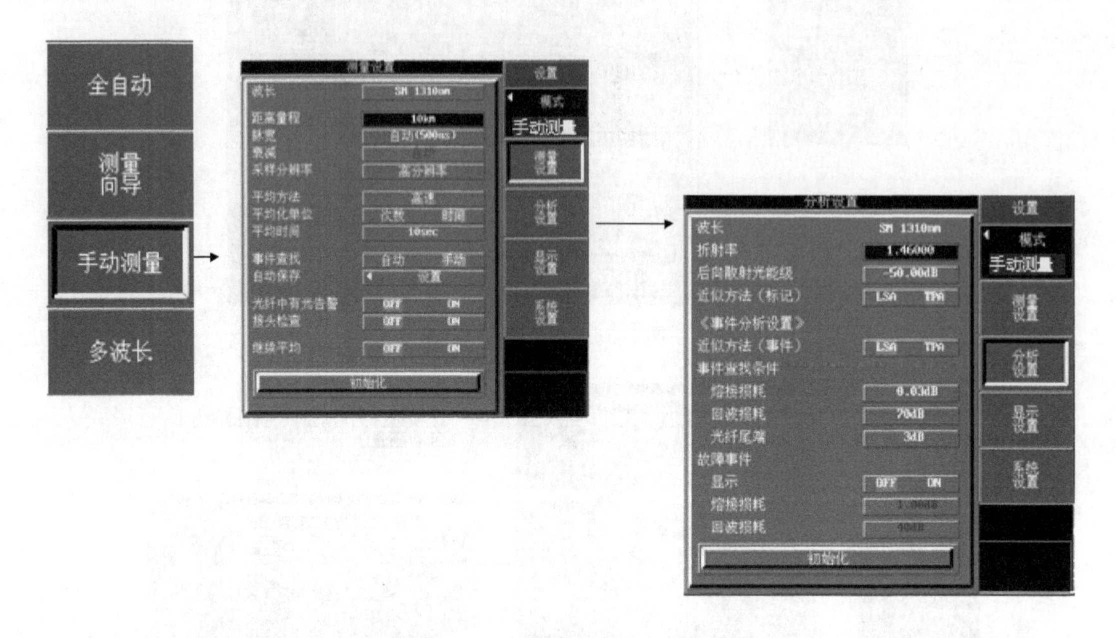

图 2.18　测量设置与分析设置

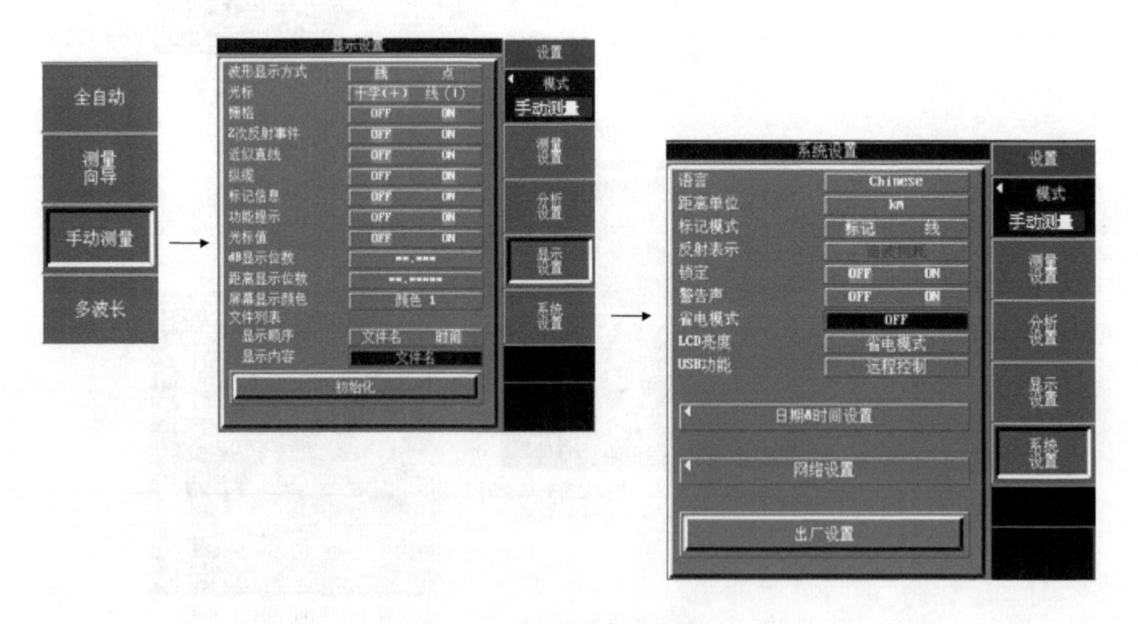

图 2.19　显示设置与系统设置

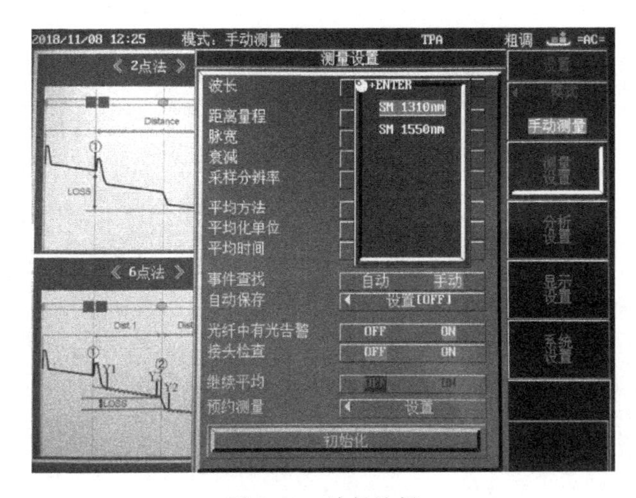

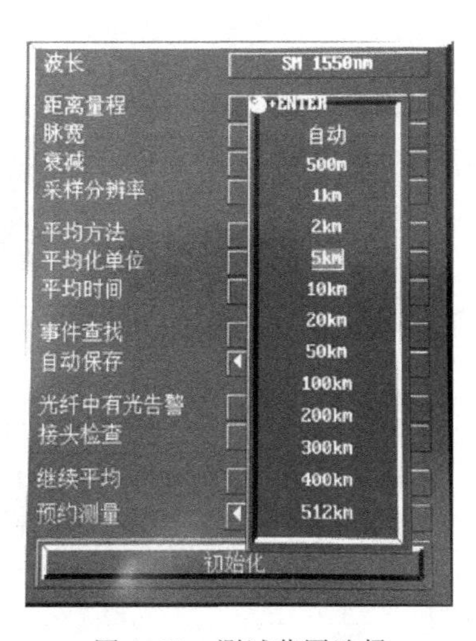

图 2.20　波长选择　　　　图 2.21　测试范围选择

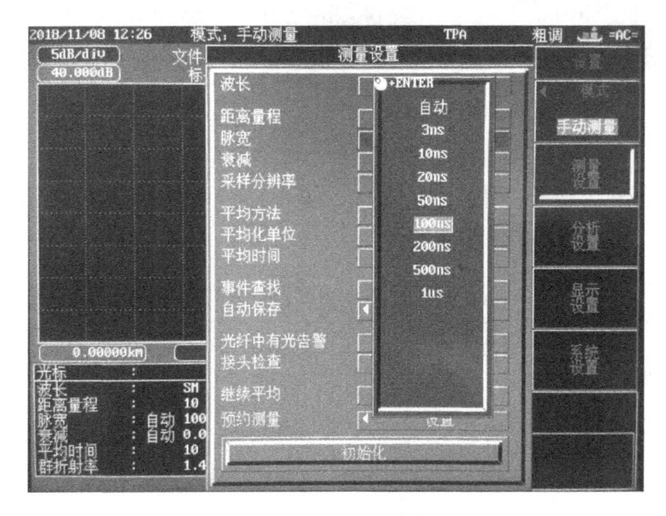

图 2.22　脉宽选择

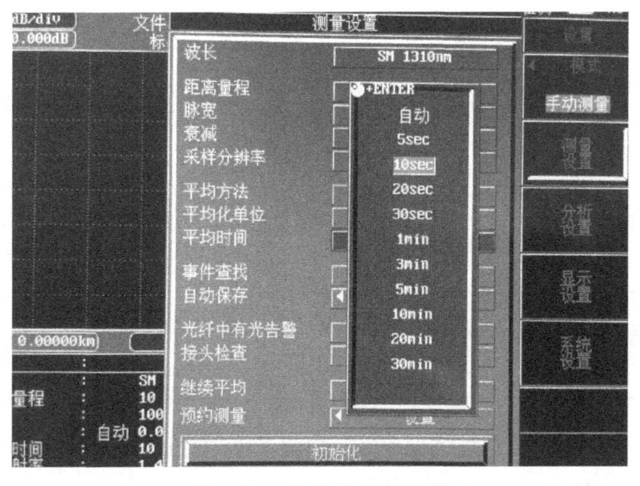

图 2.23　平均化时间选择

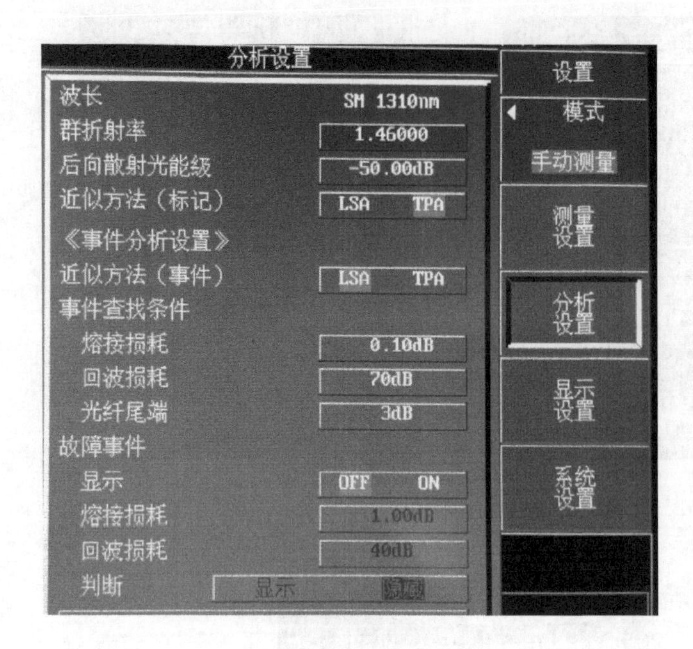

图 2.24　折射率选择

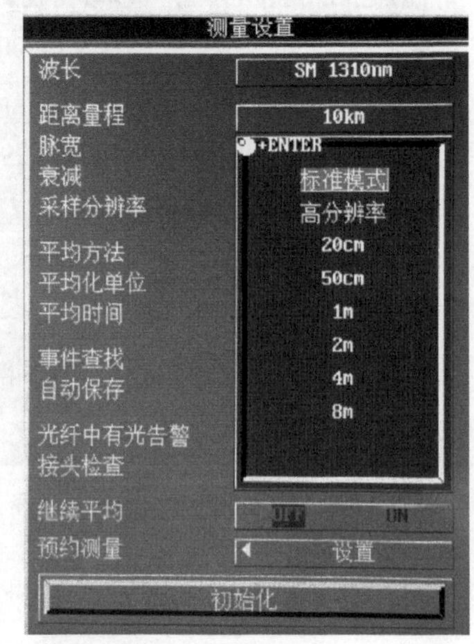

图 2.25　测量模式选择

OTDR 的参数设置，应根据仪表特性的不同，并结合测试的具体情况进行。表 2.2 给出了 OTDR 部分参数的一般参考设置。

表 2.2　OTDR 部分参数的一般参考设置

参数种类	设置参数参考值	关联测试结果
波长	一般常用波长为 1310nm、1550nm，可根据要求选择	链路平均衰减，长波长度对光纤弯曲的敏感度
折射率	按已知设置，波长 1550nm 可估设为 1.4678，波长 1310nm 可设为 1.4670	影响测试长度精度
测试范围	按估测长度的 1.5 倍近似设置	窗口显示和分辨率
脉宽	单盘 100ns，40km 以下推荐 300ns，50～80km 推荐 500ns，80km 以上推荐 1000ns，可用反射峰的尖锐度来简单判断脉宽的设置是否合适，链路衰减过大时可选用高一级脉宽	脉宽和动态范围成正比，与事件分辨率成反比
测量模式	一般设为“平均”，可观察曲线优化情况，随时关闭激光器，或设定时间为“自动关闭”	“平均”多用于分析，“实时”多用于监测瞬间状态变化
事件门限	非反射事件门限设为 0dB 或根据需要设置，反射门限根据需要设置	关系事件的统计显示

（8）开启激光。按下激光发送键 AVG，如图 2.26 所示，经过一定时间优化的曲线如图 2.27 所示，按下右上部滚轮启用光标。

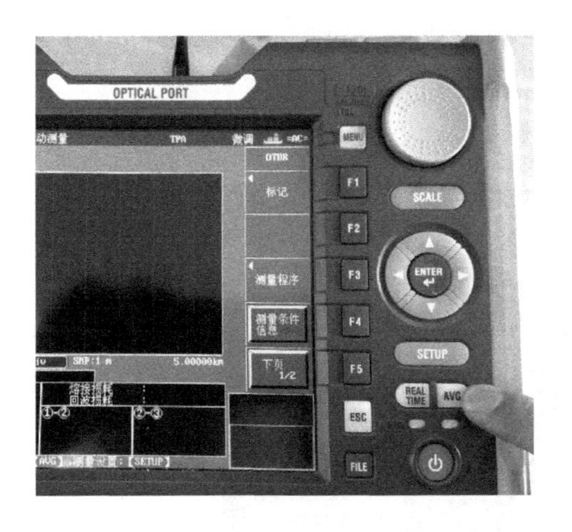

图 2.26　开启激光

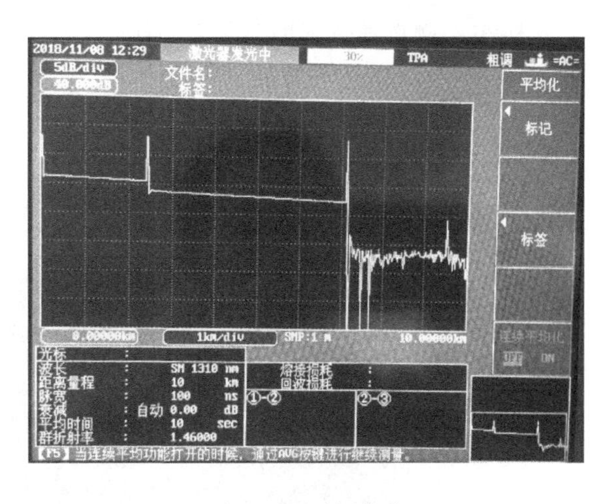

图 2.27　时间优化

(9) 测量曲线。定标测量方法如下，转动滚轮将光标移到需要放大的区域，按图 2.28 所示的 SCALE 放大/缩小键，按 ENTER 周边的箭头可以局部放大或缩小曲线，如图 2.29 所示。测量长度时可以把光标移动至曲线末端，经局部放大精准定位在反射脉冲的起始点，读出光标位置的数值就是光纤长度，如图 2.30 所示。用二点法测光纤损耗的方法如下，按标记键显示如图 2.31 所示的菜单，选择二点法，将光标①和光标②精准放到如图 2.32 所示位置，测得该段光纤的总损耗。用四点法测光纤连接器损耗的方法如下，按标记键，选择四点法，将光标①、光标②光标 Y_2、光标③放到如

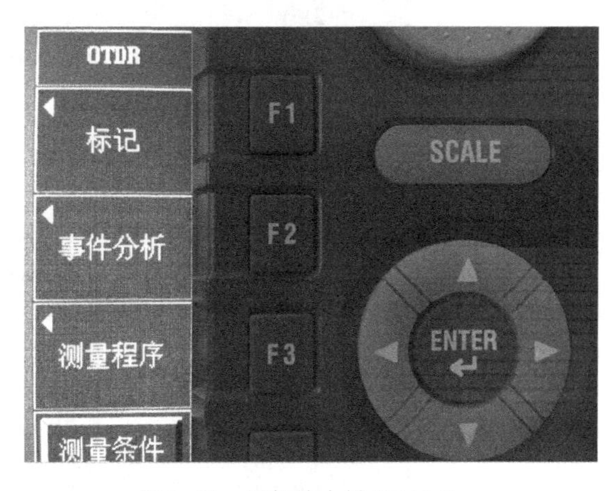

图 2.28　局部放大键 SCALE

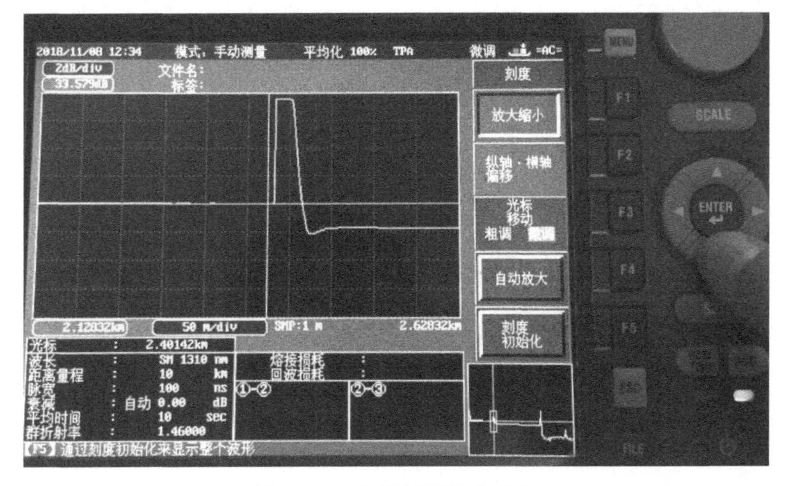

图 2.29　曲线局部放大操作

图 2.33 所示的位置，经局部放大连接器反射脉冲处，精准定位光标②和光标 Y_2，如图 2.34 所示，测得连接器的总损耗、前一段光纤长度、前一段光纤损耗、后一段光纤长度等数据。

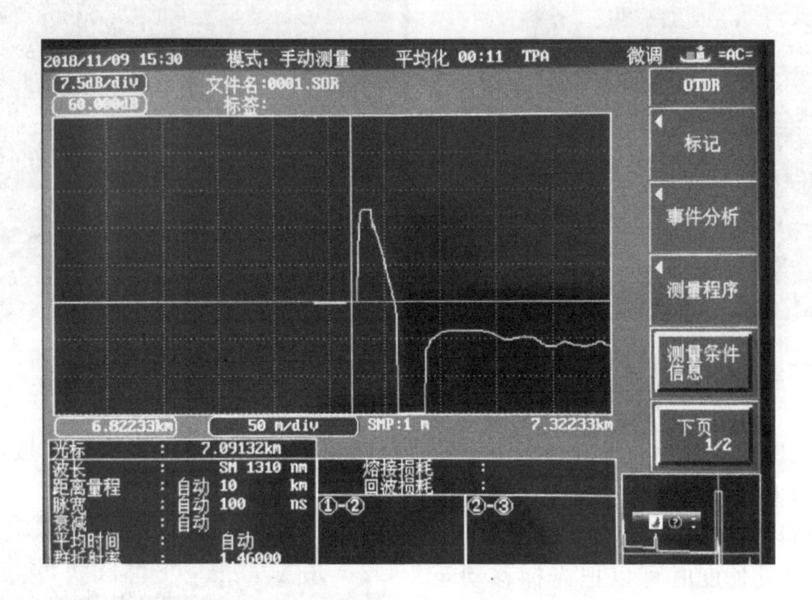

图 2.30　测长度定末端光标

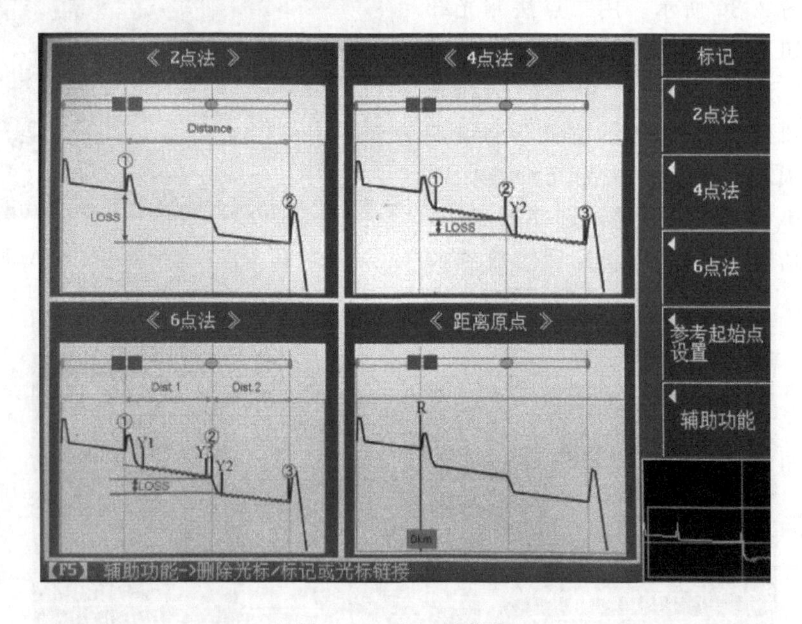

图 2.31　标记键菜单

（10）保存曲线与删除曲线。按 FILE 键显示如图 2.35 所示的界面，有各种操作选择键，包括文件夹类型的选择键、文件操作的驱动器的选择键、文件操作的执行按键。按文件操作选择键，在该菜单下选择创建目录→选择创建文件夹（图 2.36）→输入文件夹名（如 SX），

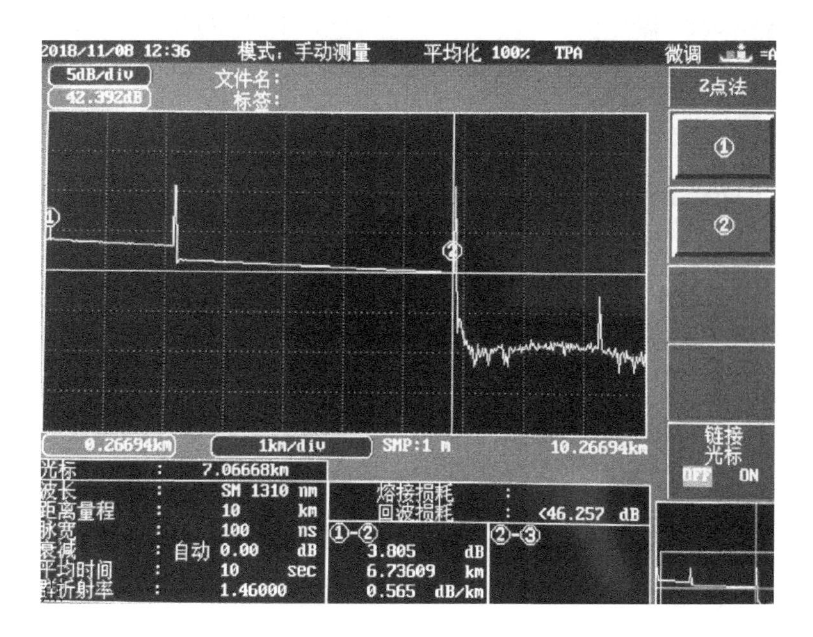

图 2.32 二点法测光纤损耗定标

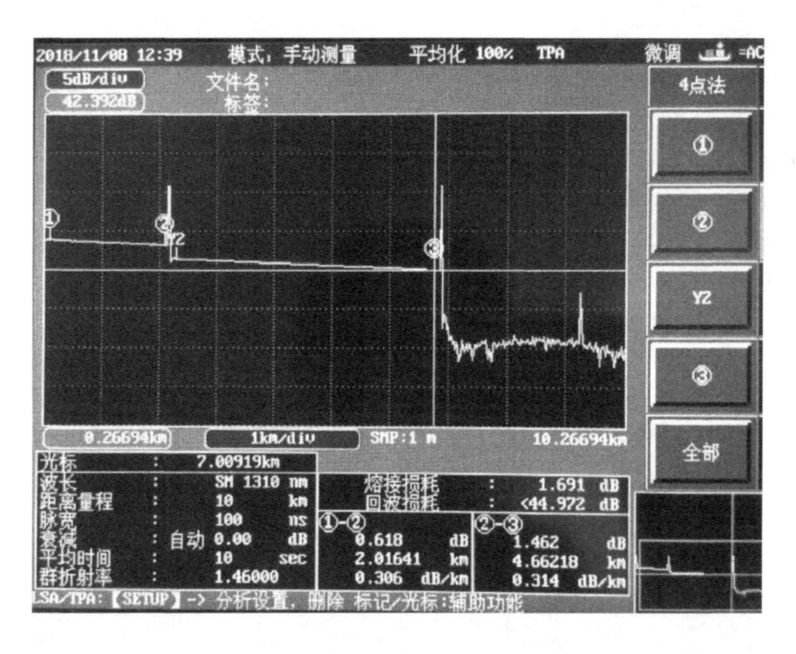

图 2.33 四点法测光纤连接损耗

并按确定键显示如图 2.37 所示的界面，选择保存→文件名设置（输入注释名称和管理员，如图 2.38 所示），最后保存即可。

（11）删除文件内的曲线。按文件操作，选择待删除曲线→选择删除→按确定键→弹出是否删除对话框，最后按确定键即可。

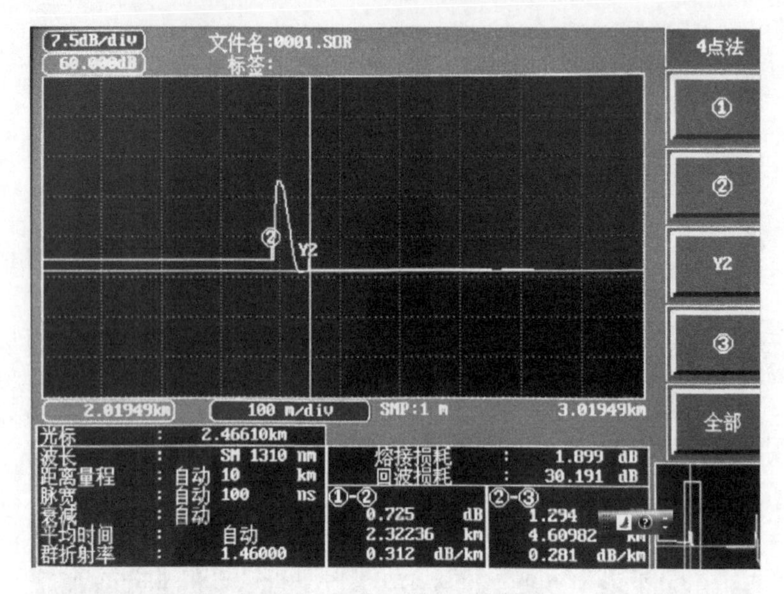

图 2.34　四点法局部放大定点

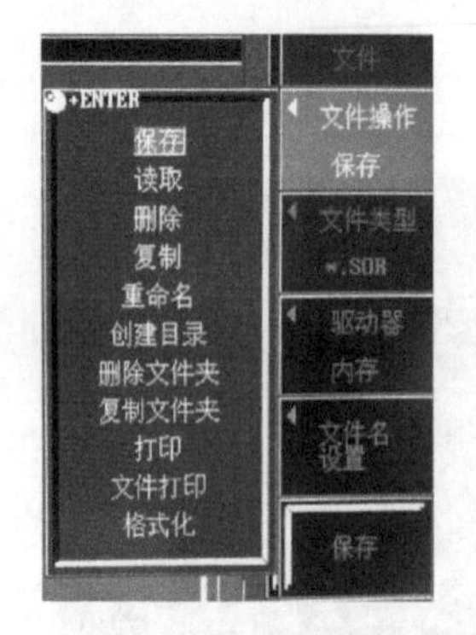

图 2.35　FILE 键所属菜单

图 2.36　创建文件夹

图 2.37　文件夹命名

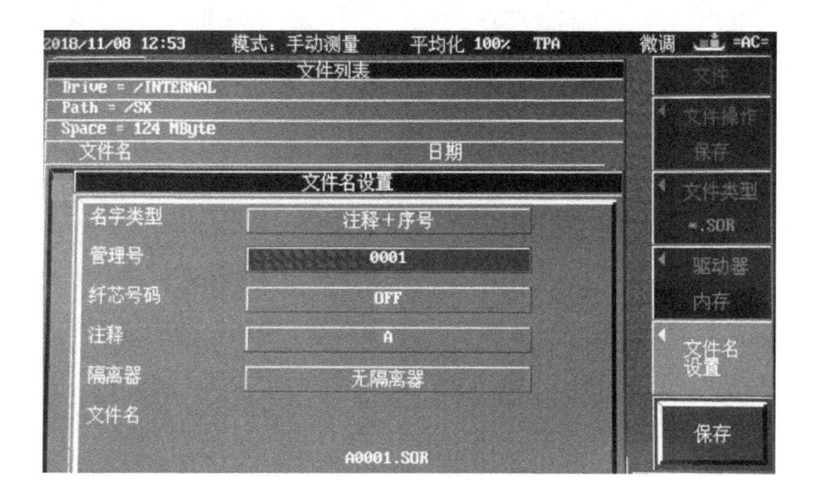

图 2.38　文件名设置

（12）读取曲线。按文件操作，选择读取→将光标移到要读取的曲线文件上→按 F5 执行文件读取，如图 2.39～图 2.40 所示。

图 2.39　选择操作为读取的界面

2. OTDR 测试分析方法

（1）OTDR 测试分析方法可归纳成表 2.3。

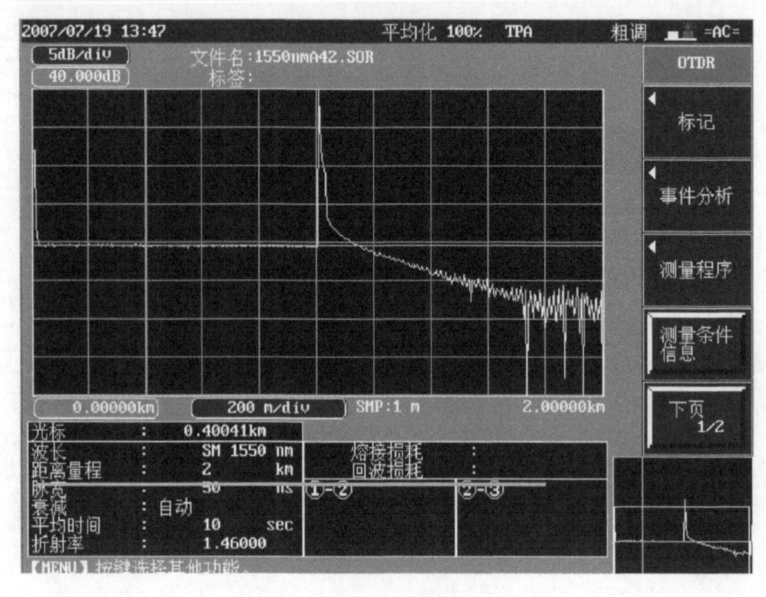

图 2.40 读取数据后的显示

表 2.3 OTDR 测试分析方法

测试内容	测试分析方法	注意事项
链路长度	将副标定在末端,局部放大,将光标移至反射峰突变起始根部,以屏幕显示两点间衰耗不为负值为准	以显示两点间衰耗不为负值为准
相对距离	两标分别定于起始事件和后一事件突变开始处根部,读出数值	可测试比较事件间的距离
链路衰减	单盘或中间无事件点用 LSA 法(单位 dB/km);有事件点用两点法,两点间衰耗单位为 dB,两点间衰减单位为 dB/km	注意定标位置
非反射衰减	可在事件表中读出参考数值,也可以用五点法准确测量。四个辅标的定点以前后两点中间无其他事件点为准	一般指固定连接衰耗
活动连接器衰减	一般用插损分析法,手动时可用两点法测试	
反射衰减(回损)	可在事件表中读出参考数值,也可用三点法 A 标设定在上升沿的 3/4(反射起始点与最高点之间距离)处,左边两点中的一点在根部,另一点在平滑远点;还有一点在 A 标右边上升沿顶部测量	用于对反射衰减有要求的链路测试
事件表	选择事件表显示即可	按需要设置门限
比较曲线	将当前曲线设为“空白”,再测试一条曲线或调出一条曲线即可	多用于动态管理或现场判断非全阻障碍点
核对判别	在 1550nm 波长实时测试,在待判链路中的某点,对光纤做直径小于 30mm 的微弯,曲线有明显的衰耗或反射变化,结束微弯后可恢复,如此几次即可判别	注意避免光纤损伤和保持联络及时
其他	纵向、横向平移曲线等	可观察起始端和直观打印

（2）OTDR 测试曲线如图 2.41 所示，从图中可看出被测线路的总长度、总损耗、总衰减、总回波损耗、事件分布等情况。

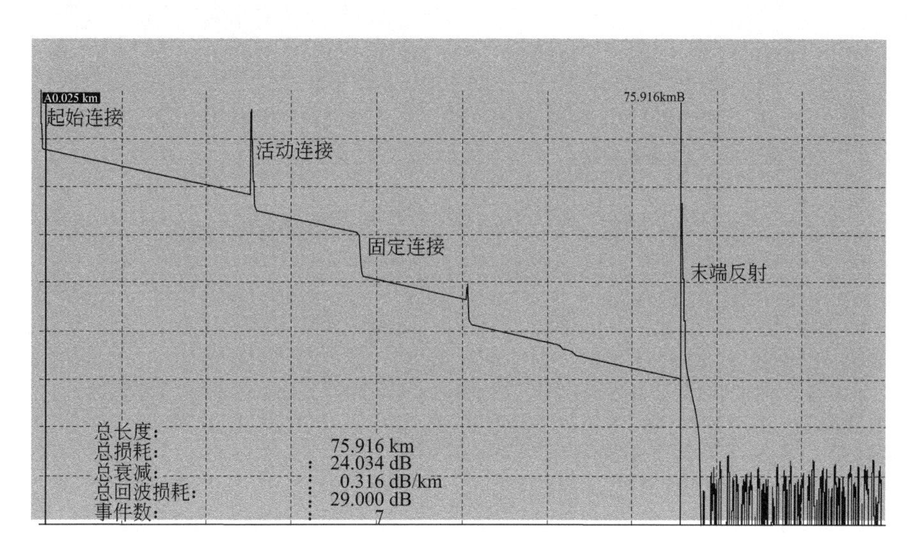

图 2.41　OTDR 测试曲线

如果测试是采用手动分析，则测试定标的方法如图 2.42～图 2.47 所示。

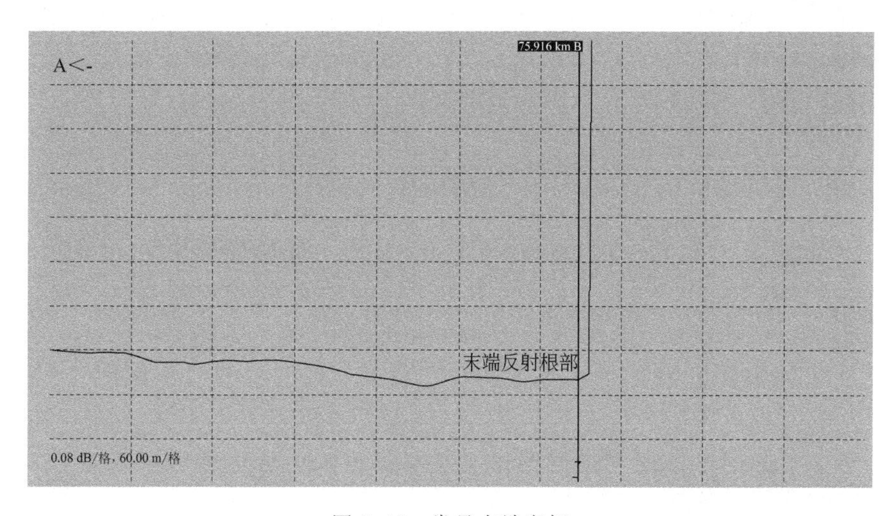

图 2.42　常见末端定标

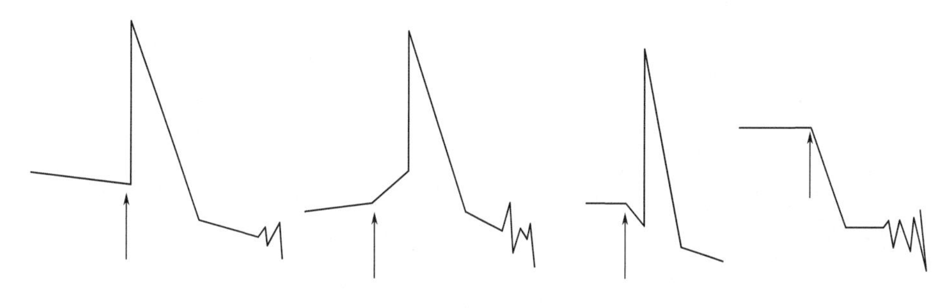

图 2.43　几种特殊光纤末端定标

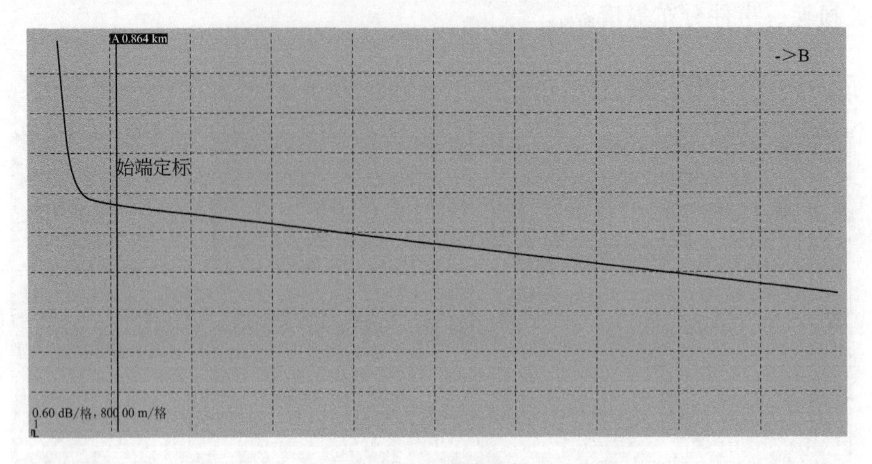

图 2.44　始端定标

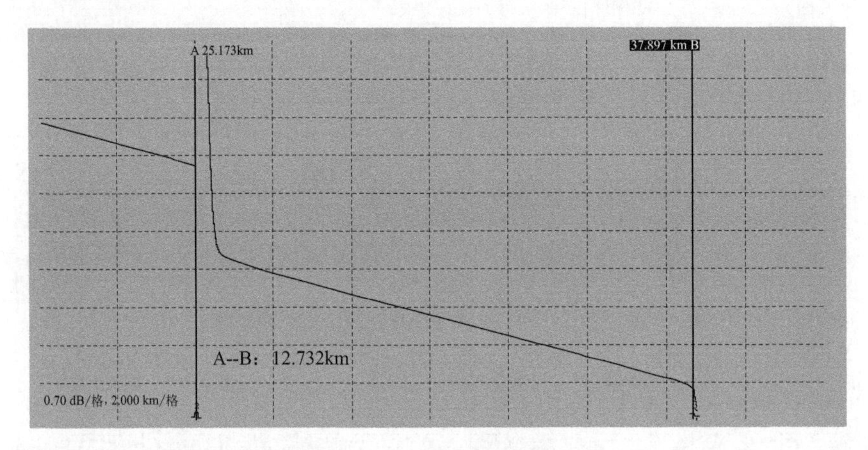

图 2.45　相对距离定标

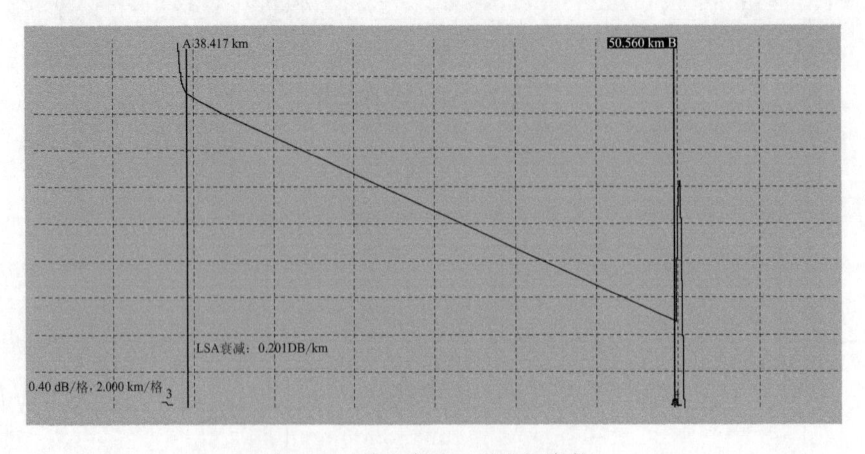

图 2.46　单盘衰减（无中间事件）

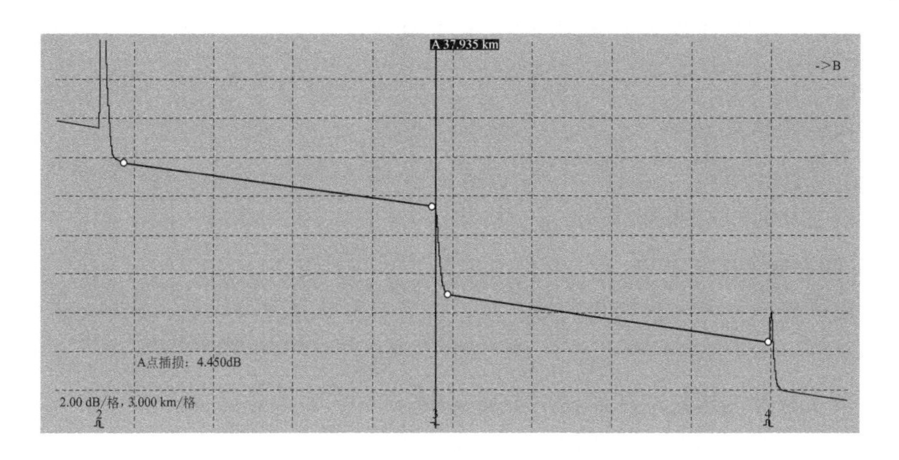

图 2.47 五点法测试非反射衰耗（插入损耗）定标示意图

1. 光缆测试经验与技巧

在进行光缆测量时，参数的设置对测量方法、准确性影响很大。“范围”也就是量程，如果选择过小，就不能显示整条后向散射曲线；如果选择过大，则曲线被压缩在整个屏幕的左边一小部分，从而影响分辨率。一般设置为被测光缆的 1.5 倍左右。“平均时间”会影响动态范围，因为更长的平均时间减小了 OTDR 的噪声电平，所以增大了测试的动态范围。“脉冲宽度”会影响测量的分辨率和盲区及动态范围，“脉冲宽度”越大分辨率越差，盲区越大，动态范围越大；“脉冲宽度”越小分辨率越高，盲区越小，动态范围越小。“折射率”对测量光缆长度故障点位置有影响。从公式 $L=t(c/n_1)$ 可以看出，折射率设置错误，如果比实际的纤芯折射率大，则所测得的光缆长度就比实际的要小；相反，则比实际长度要大。

在实际进行光缆长度、故障点位置测量过程中，还应当考虑光缆绞缩率对测试结果的影响。实际中，可以用光缆折射率折算成光缆折射率的方法进行测量。测量前，测试人员应获得光缆线路的（长度）配盘表，以及标石（或杆号）-距离对照表等原始资料。OTDR 按光纤折射率测出光纤后向散射曲线，借助光纤接头损耗“台阶”，调节 OTDR 折射率，使曲线每盘光纤长度与配盘表上对应盘的光缆长度相等。此时 OTDR 上测试确定的折射率便是光缆折射率。从取得光缆折射率的方法可以看出，光缆折射率是把光缆绞缩率或光纤余长均考虑在内的折射率。由于采用光缆折射率作为 OTDR 的测试折射率，此时从测量的后向散射曲线末端光标显示的距离，可以认为是光缆故障点与测试端之间的光缆长度。借助光缆接头中的光纤接头损耗“台阶”，在后向散射曲线上调节光标，可以与配盘表核对光缆长度，并找出曲线上与光缆故障点最邻近的光纤接头点位置。将一光标标志设置在光缆故障点上，另一光标设置于曲线的最邻近故障点的光缆接头光纤损耗“台阶”上，仪表便显示出光缆故障点与最邻近接头之间的距离，如果这一距离为零，那么故障点就在接头内。最邻近接头点位置的确定十分关键，最邻近接头点与故障点之间的光缆长度总是小于单盘光缆长度。通常光缆接头坑的位置（或杆号）在线路中标识明显，只要按测试数据查标石-距离对照表，就可以得到故障点的具体位置。

在实际光缆线路测试中，对于正增益现象和超过距离线路均需要进行双向测试和分析计算，才能获得良好的测试结论。

2. 光缆测试安全注意事项

(1) 使用光缆（光纤）仪器仪表的人员，必须熟悉使用方法，运用熟练，并严格按照使用要求正确操作。

(2) 严禁在易燃气体或烟雾环境中操作仪表。

(3) 开启仪表前，必须正确连接电源线和保护地线，防止电击伤人。

(4) 未将光纤连接至光输出连接器时，不得启动激光器。

(5) 设备工作时，严禁观看接至光输出口的光纤端，以防伤害操作者眼睛。

(6) 爱护光缆测试和熔接仪器仪表，做到轻拿轻放，保持清洁干燥，防止敲击、碰撞和雨淋。

3. 光缆测试范围与脉宽的对应关系

光缆测试范围与脉宽的对应关系见表 2.4。

表 2.4　光缆测试范围与脉宽的对应关系

测试范围/km	高分辨率脉宽/ns	动态范围脉宽/ns
<10	10	30
10～30	30	100
30～60	100	275
60～90	275	10^3
>90	1000	10^4

4. OTDR 测试注意事项及设备保养

(1) 设备存放、使用环境要清洁、干燥、无腐蚀。

(2) 光耦合器连接口要保持清洁，在成批测试光纤时，尽量采用过渡尾纤连接，以减少直接插拔次数，避免损坏连接口。

(3) 光源开启前确认对端无设备接入，以免损坏激光器或损坏对端设备。

(4) 尽量避免长时间开启光源。

(5) 长期不用时每月应该通电检查。

(6) 设备应由专人存放、保养，做好使用记录。

【实训质量要求及评分标准】

实训操作方法应正确，测试数据准确。光纤测试实训质量要求及评分标准见表 2.5。

表 2.5　光纤测试实训质量要求及评分标准

时间	分值	考核内容	质量要求	评分标准
时间 5min（计时从 OTDR 开机开始至测试记录存盘完成止，超时 3min 结束考试）	20 分	用手动方式测试 1 条光纤的长度、损耗、衰减并且保存曲线	1. 脉冲宽度、量程设置正确 2. 设置折射率、波长 3. 测量模式按照平均模式，选择平均时间 4. 长度测试 5. 衰减测试 6. 损耗测试 7. 测试曲线存盘，并按规定的文件名命名 8. 测试无弄虚作假行为	1. 参数未设置扣 5 分，参数设置错误每处扣 1 分 2. 激光不发射扣 10 分 3. 仪表使用不当扣 2 分 4. 测试方法不正确每次扣 2 分 5. 测试长度误差超过 1%，每纤扣 2 分；误差超过 5%，每纤扣 5 分 6. 衰耗误差超过 20%，每纤扣 3 分 7. 损耗误差超过 20%，每纤扣 3 分 8. 接头损耗误差超过 20%，每个扣 3 分 9. 没存盘扣 5 分，未创建文件夹或不会命名、错误命名，每纤扣 2 分 10. 有弄虚作假行为，该项目不得分 11. 得不到一个结果扣 15 分 12. 超过时限 1min 扣 2 分

【实训小结】

本实训主要了解了 OTDR 仪表的工作原理，学习了使用 OTDR 仪表测试光纤参数的方法。

【思考题】

（1）反射事件、非反射事件的含义是什么？哪些事件属于反射事件？哪些事件属于非反射事件？

（2）在正常进行光缆测量的情况下，应首先设置哪些参数？这些参数的不同取值对测量会有怎样的影响？

（3）正增益现象产生的原因是光纤接头对光信号有放大作用吗？为什么？

（4）请分析 OTDR 测试中的数据误差原因。

实训任务四　光纤熔接机的使用

光纤熔接机是目前光缆接续的主要设备，接续要求比较高，本实训介绍腾仓 60S 熔接机的使用方法。

【实训目的】

① 了解光纤熔接机结构。

② 掌握熔接机接续光纤的方法。

【任务描述】

① 能用光纤熔接机接续光纤。

② 掌握光纤熔接机的操作规范。

【知识准备】

1. 熔接机结构

本实训以腾仓 FSM—60S 熔接机为例。熔接机结构如图 2.48～图 2.51 所示。

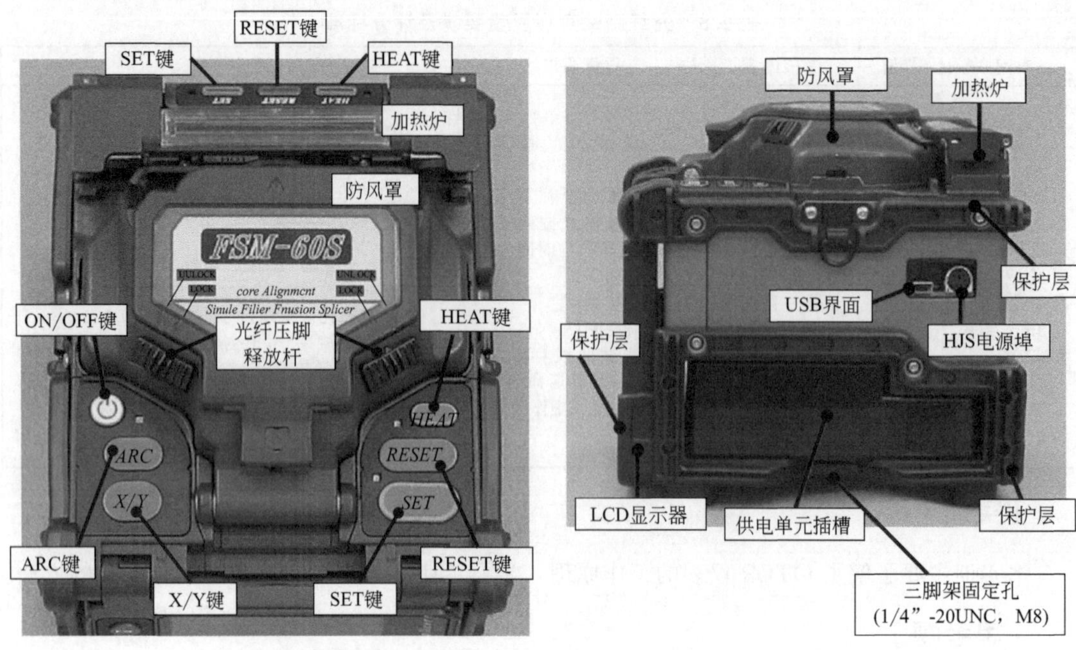

图 2.48　熔接机俯视图　　　　图 2.49　熔接机侧视图

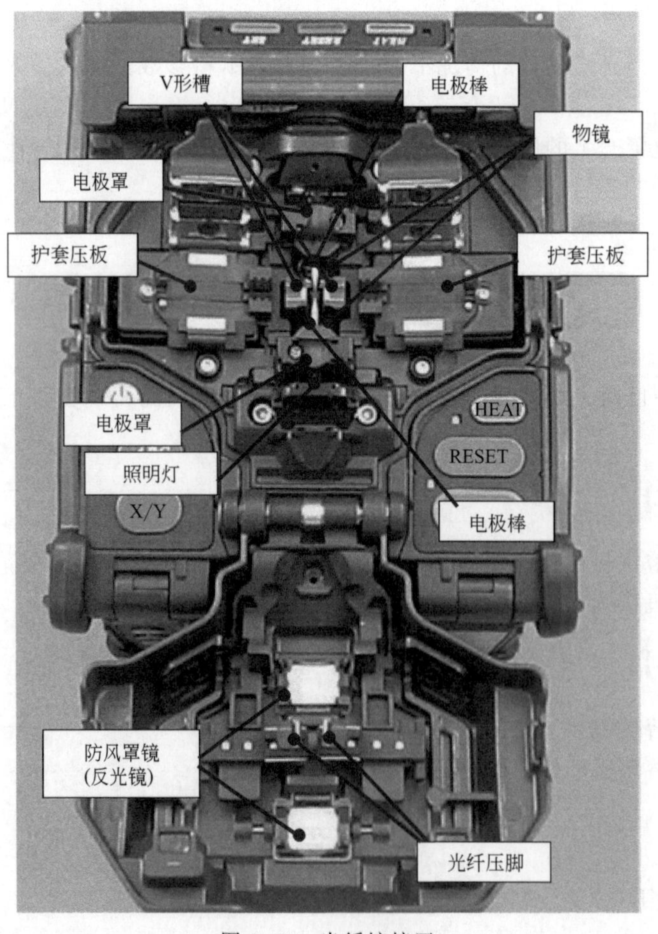

图 2.50　光纤熔接区

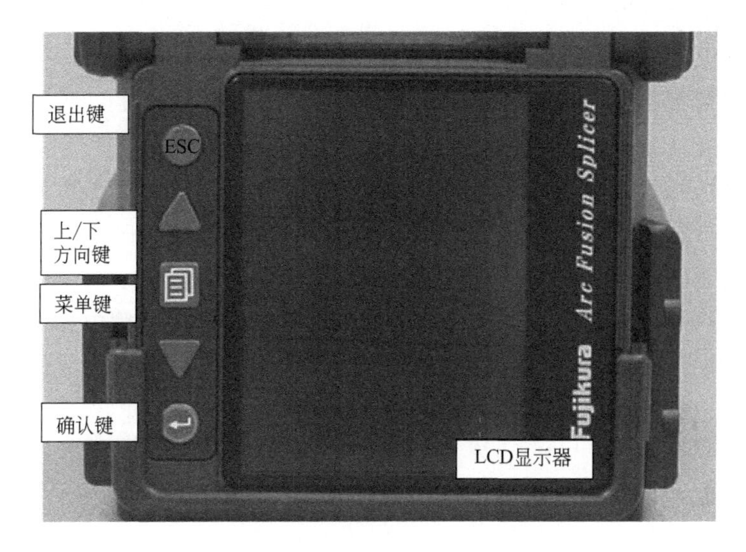

图 2.51　光纤熔接机显示器

光纤熔接机按键名称与功能对照见表 2.6。

表 2.6　光纤熔接机按键名称与功能对照

序号	按键名称	功　　能
1	<SET>	开始熔接操作，也用于监视器省电状态
2	<RESET>	使系统在任何状态下返回“待机”状态
3	<X/Y>	选择所需图像的显示：X 场放大，Y 场放大，或 X-Y 场同时显示
4	<ARC>	在熔接结束后按此键可进行再次放电
5	<HEAT>	启动加热器的加热程序
6	<MENU>	打开“主菜单”屏幕
7	<ON/OFF>	控制电源的开/关。关电源时，按住此键直到指示灯的颜色从绿色变为红色
8	<HELP>	显示“帮助”屏幕
9	<ENT>	在菜单屏幕上确认或选择命令或参数
10	<EXIT>	返回到前一次显示状态
11	方向键	上、下键：用于移动光标或修改参数 左、右键：用于换页
12	电源指示 LED	当开机时 LED 呈绿色，关机时 LED 呈红色
13	<SET>指示 LED	进行熔接操作时，LED 亮；监视器处于节能时，LED 闪烁
14	加热指示 LED	当加热器加热时，LED 亮；当加热器冷却时，LED 闪烁

2. 光纤熔接机的操作规范

① 熔接机调到原始复位画面；

② 正式接续前，应做放电试验；

③ 光纤套上热缩套管；

④ 剥除光纤上的涂覆层并清洗；

⑤ 正确使用切割刀制作光纤端面，光纤切割长度1.4～1.7cm；

⑥ 正确放置光纤和正确操作熔接机；

⑦ 判断光纤接续损耗合格与否，应以熔接机本身显示估算值为参考值，要求接续损耗小于0.08dB；

⑧ 光纤接头无凹凸，无气泡，无偏轴，瓜子形；

⑨ 热缩套管热缩时间充足，以声光提示为准，套管热缩后，管内无污迹，无气泡，无喇叭口，光纤无扭曲，光纤接头顺直在热缩套管中间。

【实训器材】

光纤、熔接机、酒精、棉球、棉棒、热可缩套管。

【任务实施】

1. 每次熔接前的设备、工具清洁工作

如果V形槽中有污染物，就不能正确地压住光纤，所以在平时的工作中，应该经常检查V形槽和定期清洁V形槽。按照下面的步骤来清洁。

① 开防风罩。

② 用一根蘸有酒精的细棉签清洁V形槽的底部，并用干棉签擦去多余的残留在V形槽内的酒精棉签，如图2.52所示。

③ 如果用蘸有酒精的细棉签不能清除掉光纤V形槽内的污染物，此时可用一根切好的光纤的尾部把污染物剔除出V形槽，如图2.53所示，然后重复步骤②。

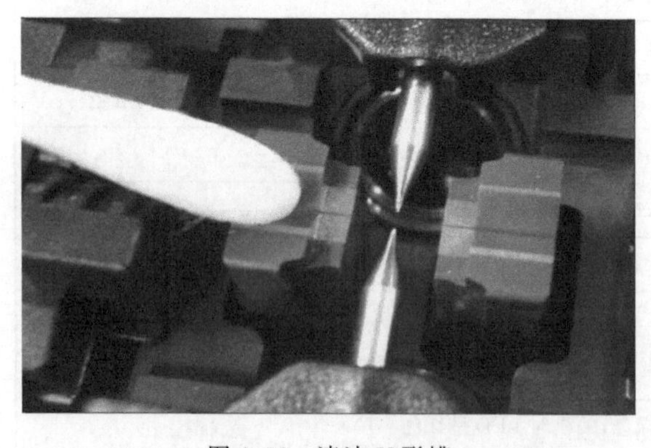

图2.52 清洁V形槽

图2.53 污染物剔除

④ 清洁光纤压脚。如果光纤压脚上有灰尘，那么就不能正确地压住光纤，这将影响熔接损耗情况。在日常工作中，应该经常检查和定期清洁光纤压脚，请按图2.54所示方法清洁光纤压脚。

⑤ 清洁防风罩镜。如果防风罩镜变脏，光纤纤芯的位置会因光通透明度的削弱而不准确，这势必会造成较高的熔接损耗。请按照图2.55所示方法清洁防风罩镜。

图 2.54　清洁光纤压脚

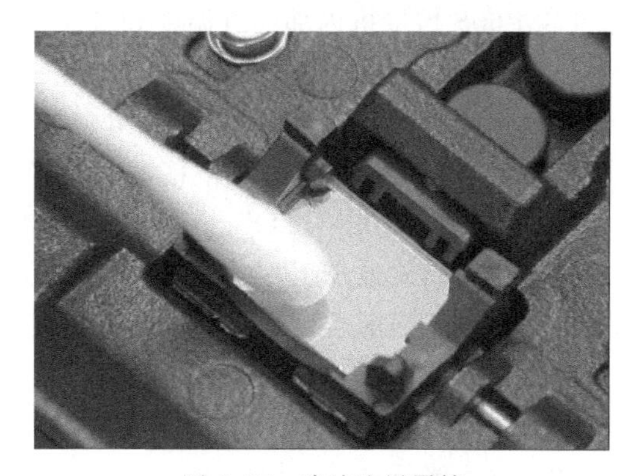

图 2.55　清洁防风罩镜

⑥ 清洁物镜（不必将电极棒拆下），如图 2.56 所示。

⑦ 清洁光纤切割刀。如果切割刀的刀片或者橡胶压垫变脏，则切割质量就会变差，这样切割后的光纤表面和尾部端面会有灰尘，从而导致较大的熔接损耗。可以用蘸有酒精的细棉签清洁刀片和橡胶压垫。

2. 开机

按住 ON/OFF 键直到绿色 LED 灯亮起，然后画面会显示如图 2.57 所示的警告对话框。

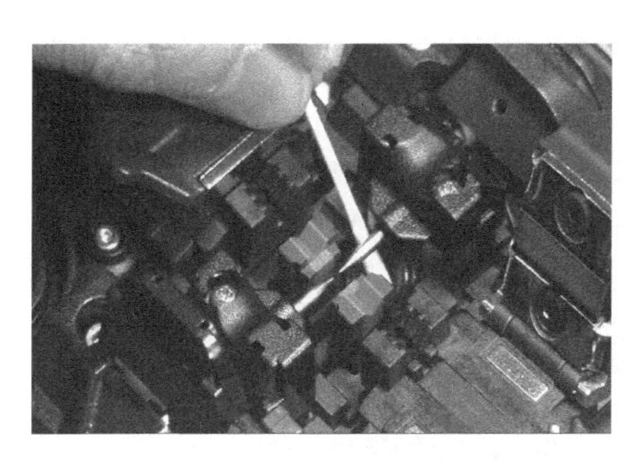

图 2.56　清洁物镜

图 2.57　警告对话框

这个画面会在熔接机电源打开后出现，每个月出现三次。根据其使用国家的语言，熔接机可能已预先内置了某一种语言。

当选择了“Agree”后，熔接机所有电动机都会复位到初始位置，随后显示待机画面，电源模式会自动识别，如果使用电池，剩余电量也会显示于画面上。

3. 放电校正

大气环境诸如：温度、湿度、气压，总是在不断变化，这使得放电的温度也在不断变化。FSM-60S 熔接机内部配有温度和气压传感器，能够把外界环境的参数回馈给控制系统，调整放电强度维持在一个平稳的状态。但是，由于电极的磨损和光纤碎屑粘接而造成的放电强度的变化就无法自动修正，而且放电中心位置有时会向左或向右移动。在这种情况下，光纤熔接位置会相对于放电中心偏移，此时需要执行一次放电校正来解决这些问题。

放电校正仅在“AUTO”模式下才会自动执行，所以在这种模式下不必再特意去做放电校正。执行“放电校正”会改变放电强度的参数值，这个数值在所有的熔接程序中都要用到，但不能改变当前熔接模式下的放电强度数值。

具体操作步骤如下。

(1) 在“维护菜单 2”中选择“放电校正”，打开放电校正的画面。

(2) 制备光纤并放入熔接机。

① 使用标准 SM、DS 或 MM 光纤做放电校正。

② 必须保证光纤的清洁，如果光纤表面有灰尘会影响校正结果。

(3) 按 Enter 键后熔接机会执行以下步骤：

① 计算放电中心在推进光纤之前先进行放电来检测放电中心并调整光纤端面间隔位置；

② 清洁放电；

③ 左右两根光纤同时推进，熔接机进行清洁放电；

④ 端面间隔设置左右两根光纤，再向前推进至端面间隔位置处停止；

⑤ 放电熔接机在两根光纤不互相接触的情况下放电，光纤端面由于放电产生的热量而熔化并缩短，将导致间隔变大；

⑥ 测量结果熔接机放电后，通过图像处理系统来测量两根光纤的熔化缩短量；

⑦ 若显示“好”，则放电强度和熔接位置的校正已完成，按 Escape 键退出，如图 2.58 所示。

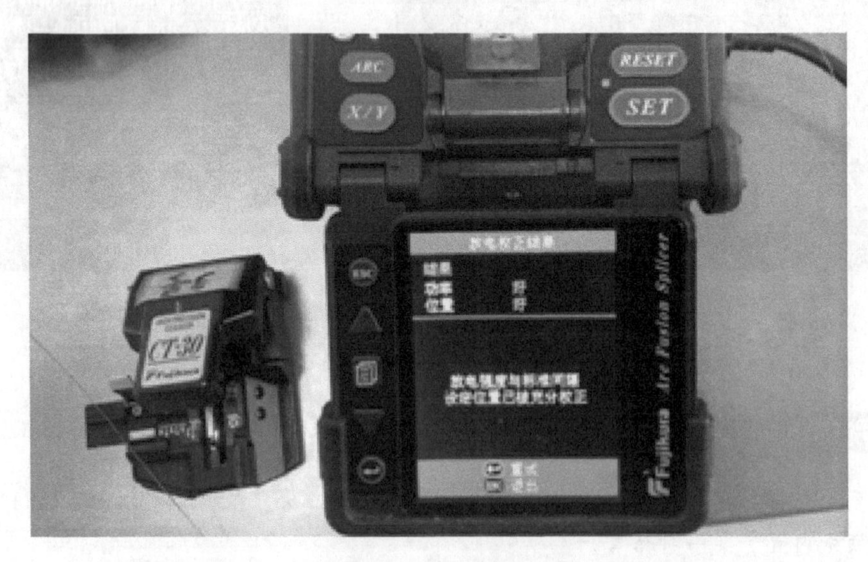

图 2.58　放电校正完成

“不合适”：放电强度和熔接位置已经校正完毕，但是强烈建议做进一步的校正，因为校正结果与上次校正结果相差太远，按 Enter 键再次进行放电，或者按 Escape 键直接退出。

事实上，放电校正应该多进行几次，直到出现“试验结束”的提示信息才算成功。但是如果在多次重复试验后仍未出现此提示信息，则可以认为放电校正已接近完成。试验次数可以预先设定，这样“试验结束”信息会在试验达到设定的次数时显示。

4. 选择“熔接模式”

（1）对于一些希望能得到较稳定的熔接损耗（相对于快速熔接）的用户，可使用“AUTO”模式。

（2）对于一些并不清楚待熔接的光纤类型的用户，可使用“AUTO”模式。

（3）对于一些想要缩短熔接时间（“AUTO”模式）的用户，如果知道待熔接光纤的类型，则依据光纤类型可使用“SM AUTO”“MM AUTO”或“NZ AUTO”模式。这些独有的AUTO模式会跳过光纤类型识别这一步骤，所以整个熔接过程所需时间要短一些。

（4）对于一些需要高效率地快速熔接单模光纤，且需维持稳定熔接损耗的用户，可使用“SM FAST”模式。

（5）对于一些需要熔接不常用的光纤的用户，可在“Other Mode”内选择最合适的熔接模式。“AUTO”模式并没有覆盖包含一些较少使用的光纤熔接参数。

（6）对于一些希望得到最小熔接损耗而无需考虑其他因素的用户，可使用“Other Mode”模式，并针对特定光纤组合优化设置熔接条件及参数。

AUTO模式的特点如下。

① 能被识别的光纤种类有：SM、MM和NZDS标准光纤，然而，一些有特殊纤芯轮廓的光纤可能不能被正确地识别，如果有这种情况出现，请使用其他的熔接模式。

② NZDS光纤是用标准的非零色散位移光纤的模式熔接的，但是，为了获得最佳的熔接效果，建议为此特殊型号的光纤选择最为合适的熔接模式。这是因为NZDS光纤的性质会发生变化，同时最佳熔接参数也会根据两种类型的NZDS光纤而互不相同。

③ 当使用AUTO模式时，有时DS光纤会被识别为NZDS光纤。

5. 选择加热模式

熔接机内共有30种用户可编程加热模式，加热前请根据所使用的热缩套管选择最合适的加热模式。

针对每一种腾仓热缩套管都有一种最合适的加热模式，这些模式存储在数据库中，可以用作参考。

我们可以选择适当的加热模式，并复制到用户可编程区域内，然后对它们进行编辑，见表2.7。

表2.7　加热模式说明

参数	说　明
60mm	用于标准60mm热缩套管，例如：FP-03或FP-03M热缩套管（腾仓公司生产，下同）
60Ny8	用于标准60mm热缩套管，例如：FP-03或FP-03M热缩套管，切割长度为8mm
40mm	用于标准40mm热缩套管，例如：FP-03（$L=40$）
45mmC	用于45mm微型热缩套管，例如：FPS01-900-45
34mmC	用于34mm微型热缩套管，例如：FPS01-900-34
25mmC	用于25mm微型热缩套管，例如：FPS01-900-25
20mmC	用于20mm微型热缩套管，例如：FPS01-900-20

续表

参数	说　明
40mmB	用于 40mm 微型热缩套管，例如：FPS01-400-40
34mmB	用于 34mm 微型热缩套管，例如：FPS01-400-34
25mmB	用于 25mm 微型热缩套管，例如：FPS01-400-25
20mmB	用于 20mm 微型热缩套管，例如：FPS01-400-20

6. 制备光纤端面

(1) 清洁光纤涂覆层。用蘸有酒精的清洁棉球清洁光纤涂覆层（从光纤端面往里大约100mm）。如果光纤覆层上的灰层或其他杂质进入光纤热缩管，操作完成后可能造成光纤的断裂或熔融。

(2) 套光纤热缩管。将光纤穿过热缩管，如图 2.59 所示。此时用手指稍用力捏住加强芯一侧热缩管，可防止热缩管内易熔管和加强芯被拉出。

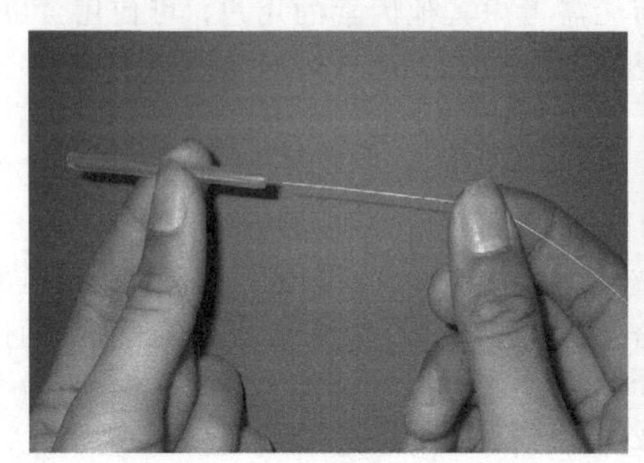
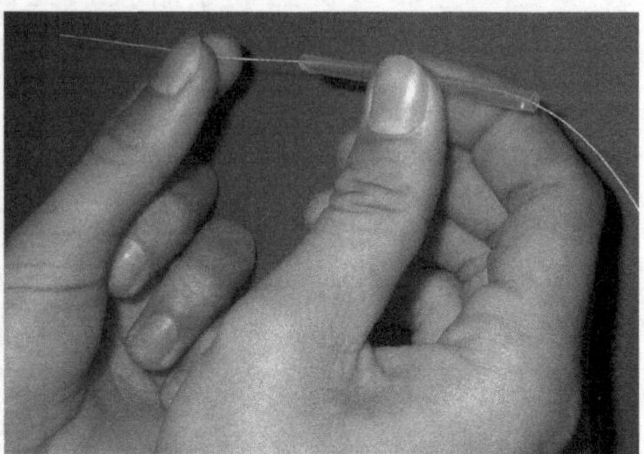

图 2.59　将光纤穿过热缩管

(3) 去除涂覆层和清洁裸纤。用涂覆层剥离钳剥除光纤涂覆层，长为 30～40mm。如图 2.60 所示。用另一块酒精棉球，清洁裸纤。注意不要损伤光纤。

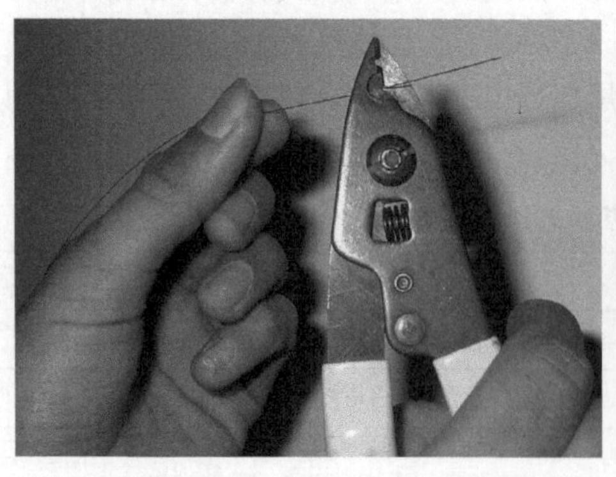
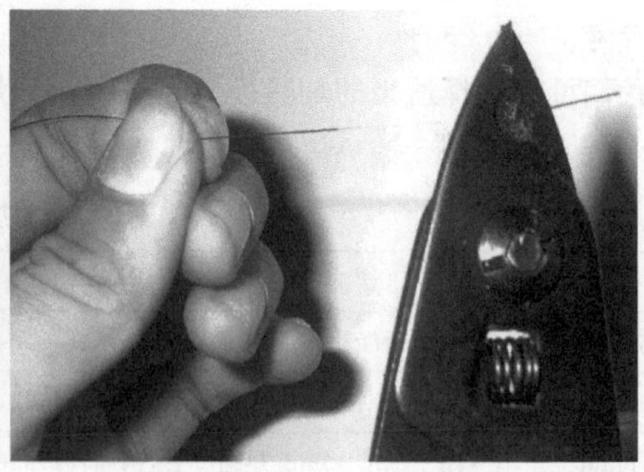

图 2.60　剥除涂覆层

(4) 光纤端面切割。

ϕ0.25mm 光纤切割长度为 8～17mm；

ϕ0.9mm 光纤切割长度为 14～17mm。

切割刀结构如图 2.61 所示。

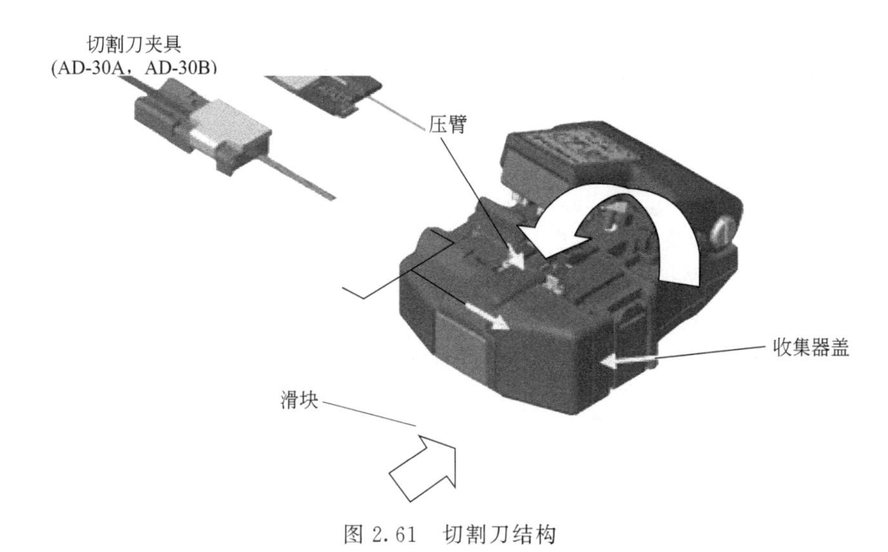

图 2.61　切割刀结构

光纤端面切割步骤如下。

第一步：轻轻压住切割刀压臂，并解开锁扣使切割刀解锁，如图 2.62 所示。

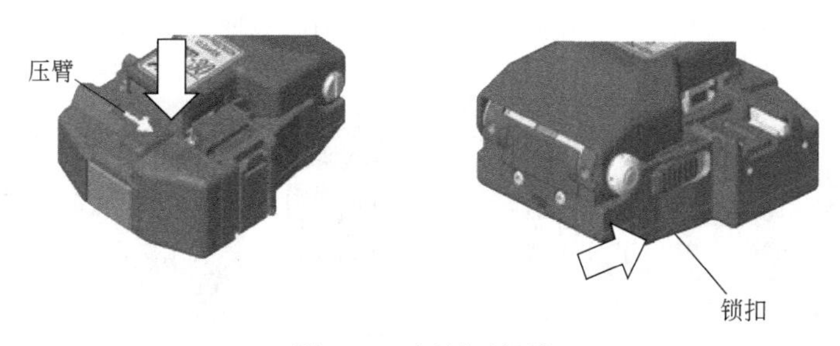

图 2.62　切割刀解锁

第二步：推进切割刀下部的滑块直至它锁定。

第三步：把已剥好的光纤放到切割刀上如图 2.63(b) 所示（当使用夹具时应确保光纤外层不碰到橡胶垫）。

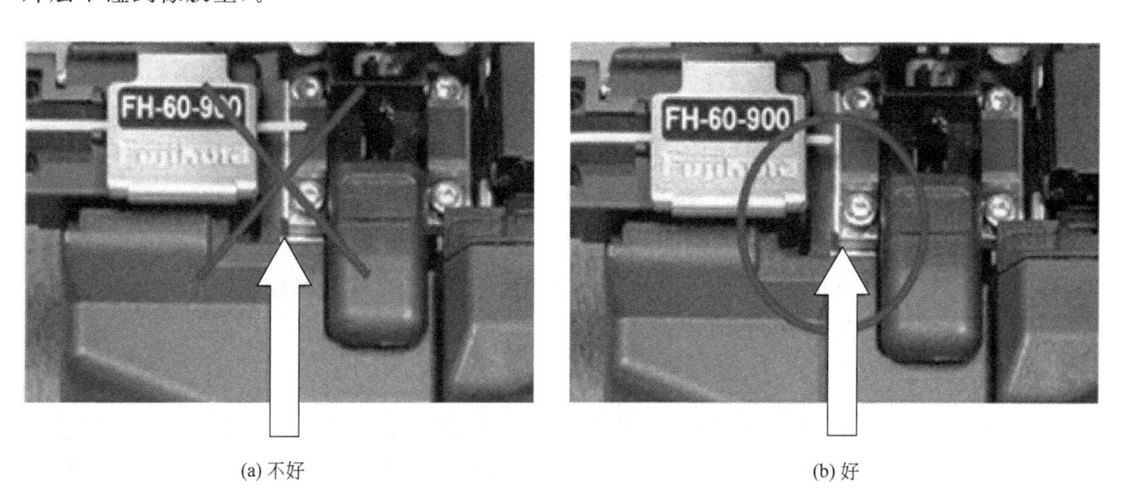

图 2.63　光纤在切割刀上的位置图

第四步：压下压臂。

第五步：慢慢松开压臂，弹簧的弹力会使压臂回到初始位置。

第六步：切割完成后完全合上压臂，并滑动锁扣锁住切割刀。

① 不要把手指放在滑块区域附近，以避免可能的人身伤害。

② 如果在压下压臂的中途松开压臂，可能会造成较差的切割质量。

③ 应经常清除残渣收集器内的光纤碎屑。

④ 如果使用的是 CT-30A 切割刀，可以根据所需的切割长度来调准光纤外层末端的位置。

7. 放置光纤

（1）打开防风罩和护套压板。

（2）把准备好的光纤放置在 V 形槽内，并使光纤末端处于 V 形槽边缘和电极尖端之间（注意：不要让制备好的光纤撞到任何地方，以保证光纤端面质量）。

（3）用手指捏住光纤，然后合上压板，以保证光纤不会移动，并确保光纤放置在 V 形槽的底部。如果光纤放置不正确，请重新放置。光纤在 V 形槽内放置位置如图 2.64 所示。

(a) 不好

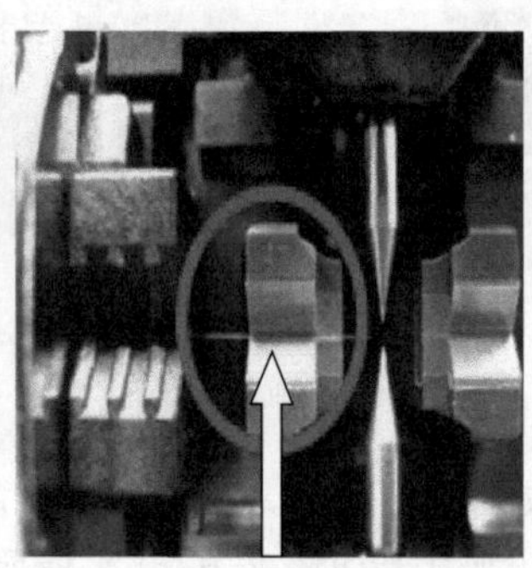
(b) 好

(c) 不好

图 2.64　光纤在 V 形槽内放置位置

（4）按照上面的步骤放置另外一根光纤，如图 2.65 所示。

（5）关闭防风罩，熔接机将会自动开始熔接。当压臂抬起时光纤碎屑收集器会转动，并自动把光纤碎屑卷入残渣收集容器内。

光纤压脚臂安装于防风罩上，并且随着防风罩的关闭而压下。然而，当操作“光纤压脚释放杆”至 UNLOCK 时，如图 2.66 所示，光纤压脚可以从防风罩上分离并能自由操作移动，这样做的好处是当光纤因为记忆效应而弯曲时，操作者能够确保在防风罩合上之前，光纤可以被很好地压在 V 形槽底部。

8. 熔接光纤

为了确保光纤良好的熔接，FSM-60S 安装了一个图像处理系统来观察光纤。然而在某些情况下，图像处理系统可能并没有检测到某个熔接错误。所以，要取得良好的熔接结果，也需要通过显示器对光纤进行视觉检查。

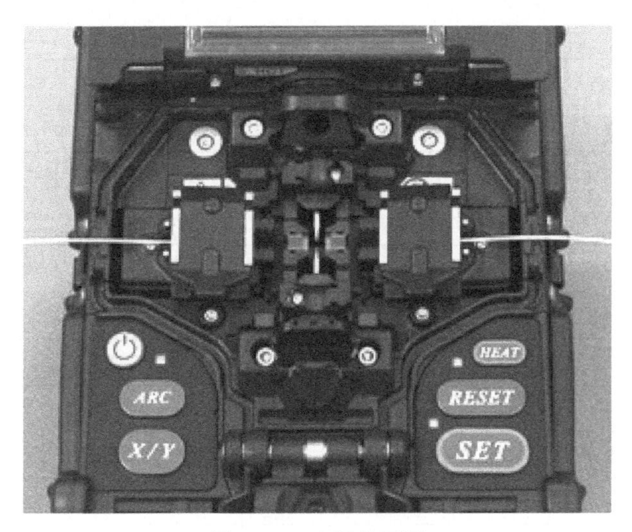

图 2.65　光纤放置图

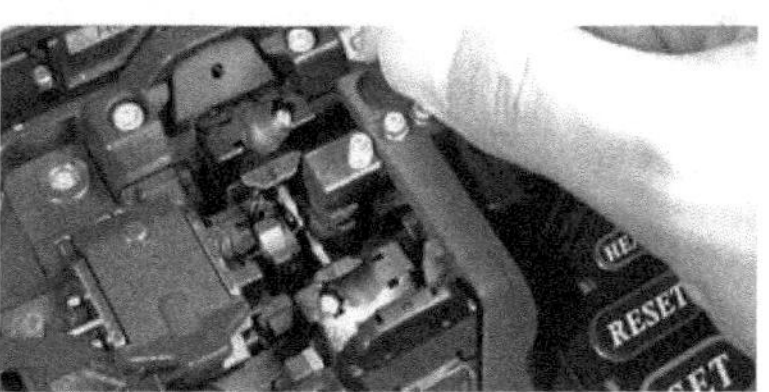

图 2.66　光纤压脚臂位置图

光纤被放入熔接机后将做相向的运动，在清洁放电之后，光纤的运动会停止在一个特定的位置，然后熔接机将检查光纤的切割角度和端面质量。如果测量出来的切割角度大于设定的门限值，或者检查出光纤端面有毛刺，则蜂鸣器响起，同时显示器会显示一个错误信息来警告操作者；而当没有错误信息显示时，需要按照表 2.8 分析光纤不良原因并提出解决方法。如果发现有类似的情况，应将光纤从熔接机上取下并重新制备。光纤的这些可见表面缺陷可能会导致一次失败的熔接事件。

表 2.8　光纤不良原因与解决方法

现　　象	原　　因	解决方法
纤芯轴向偏移	V 形槽或光纤压脚有灰尘	清洁 V 形槽和光纤压脚
纤芯角度错误	V 形槽或光纤压脚不洁	清洁 V 形槽和光纤压脚
	光纤端面质量差	检查光纤切割刀是否工作良好

续表

现　　象	原　　因	解决方法
纤芯台阶	V形槽或光纤压脚有灰尘	清洁V形槽和光纤压脚
纤芯弯曲	光纤端面质量差	检查光纤切割刀是否工作良好
	预放电强度低或者预放电时间短	增大"预放电强度"与/或"预放电时间"
模场直径失配	放电强度太低	增大"放电强度"与/或"放电时间"
灰尘燃烧	光纤端面质量差	检查光纤切割刀工作情况
	在清洁光纤或者清洁放电之后灰尘依然存在	彻底清洁光纤或增加"清洁放电时间"
气泡	光纤端面质量差	检查光纤切割刀是否工作良好
	预放电强度低或者预放电时间短	增大"预放电强度"与/或"预放电时间"
光纤分离	光纤推进量太小	做"马达校正"实验
	预放电强度太高或者预放电时间太长	减小"预放电强度"与/或"预放电时间"
过粗	光纤推进量太大	降低"重叠量"并做"马达校正"实验
过细	放电强度不合适	执行"放电校正"
	一些放电参数不合适	调整"预放电强度""预放电时间"或"重叠量"
线	一些放电参数不合适	调整"预放电强度""预放电时间"或"重叠量"

在一些情况下，追加放电可以改善熔接损耗。按ARC键来进行追加放电，此时熔接损耗会被重新估算，同时重新对光纤进行检查。

在出现熔接完成的结束画面时，按SET键、RESET键或者打开防风罩，熔接结果会被自动存储至内存中。

9. 取出光纤

取出光纤的步骤如下。

① 打开加热炉的盖子。

② 打开防风罩。

③ 左手在防风罩的边缘持左侧光纤，并打开左侧压板或夹具盖板，再打开右侧压板或夹具盖板，将热缩套管移动光纤裸纤部位，并让裸纤部位在热缩套管钢棒处居中，如图2.67所示。

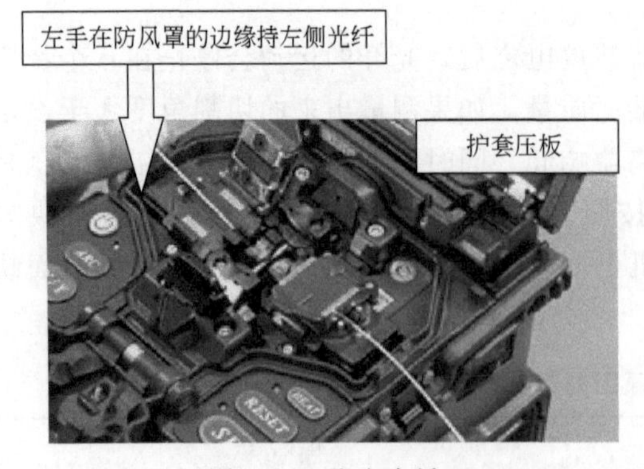

图2.67　取出光纤

10. 加热

（1）把带有热缩套管的光纤移动到加热炉中，同时热缩套管应放置于加热炉中央。

（2）慢慢地向右滑动光纤直到左手抵达加热炉的边缘，放入时轻轻地拉直光纤，加热炉盖会自动关闭，一旦加热炉盖关闭，则加热将自动开始，如图2.68所示。

① 确保熔接点处于热缩套管的中间位置。

② 确保热缩套管中的加强芯被放置在下方。

③ 确保光纤无扭曲。

当加热炉盖打开时加热不能进行。如果在加热过程中按 HEAT 键，则加热指示灯开始闪烁；如果再按 HEAT 键，则加热进程将被停止。

(3) 加热完毕后蜂鸣器响，并且加热指示灯(橙色) 熄灭。

(4) 打开加热炉盖并取出已由热缩套管保护的光纤。可能需施加一定的拉力将光纤从加热炉中取出。热缩套管可能会粘在加热炉的底板上，在这种情况下，用一根棉签取出热缩套管。

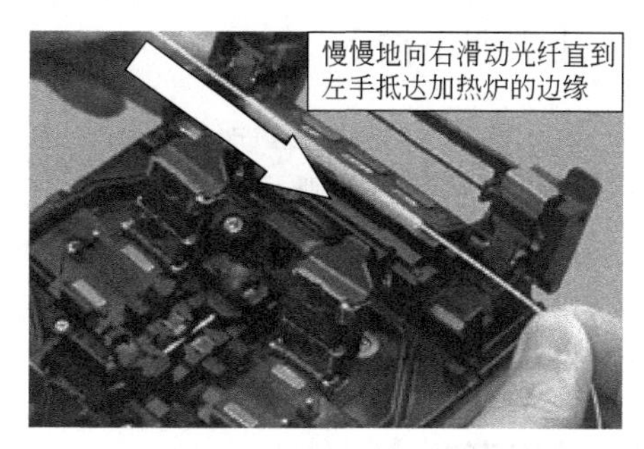

图 2.68 热缩套管加热

(5) 观察加热完的热缩套管，检查内部有无气泡和脏物/灰尘。

特别提示

光缆、光纤接续的安全要求如下：

① 在光缆开剥前必须确认光缆金属构件不带电，以防电击伤人；

② 光缆用开剥刀开剥时，应均匀用力，以防伤人；

③ 严禁在易燃液体或易燃气体环境中操作熔接机，以防熔接时放电引起火灾和爆炸；

④ 开启仪表前，必须正确连接电源线和保护地线，防止电击伤人；

⑤ 在光纤制备和熔接过程中，应穿着工作服、工作鞋、佩戴安全防护眼镜，防止光纤碎屑进入眼睛、皮肤，造成伤害；

⑥ 光纤、光缆接续完成后，应清理现场，特别要妥善处置废纤芯、废光缆，并检点工具。

【实训质量要求及评分标准】

光纤熔接实训质量要求及评分标准如表 2.9 所示。

表 2.9 光纤熔接实训质量要求及评分标准

时间	分值	质量要求	评分标准
15min	30 分	1. 开机，调试并确认熔接模式，放电校准一次 2. 光纤套上热缩套管 3. 剥除光纤上的涂覆层并清洁光纤；正确使用切割刀制作光纤端面 1.6cm 4. 光纤接头处无凹凸、无气泡、无偏轴、无瓜子形等 5. 正确放置光纤和正确操作熔接机 6. 熔接效果(以熔接机估值为参考)，损耗小于 0.08dB 7. 热缩套管热缩时间充足，热缩每次一根，以声光提示为准，套管热缩后，管内无污迹、气泡，无喇叭口，光纤无扭曲，光纤接头顺直在热缩套管中间 8. 熔接中不得有错管、错纤等现象	1. 未放电校准的扣 2 分，光纤熔接模式设置不正确各扣 1 分 2. 不套热熔管或多根纤芯同时套在一根热熔管中，扣 2 分/纤 3. 操作过程中切割刀滑落，扣 5 分/次 4. 光纤接头有凹凸、气泡、偏轴，扣 1 分/纤 5. 操作过程中熔接机滑落，扣 10 分/次 6. 断纤扣 5 分/纤(未热缩前允许重新接续)；光纤接头长度(3.2±0.1)cm，否则扣 1 分；光纤接头不在热缩套管中间，偏差 3mm 扣 1 分/纤；裸纤在钢棒之外扣 5 分/纤；损耗大于 0.08dB 扣 1 分/纤(允许重新熔接) 7. 热缩套管热熔时间不充足，每纤扣 1 分，多次热缩扣 1 分/纤，热缩套管内有污迹、气泡、喇叭口的，光纤在套管内扭转，扣 1 分/纤 8. 接续有错纤扣 2 分/纤，每管扣 10 分 9. 超时 1min 扣 1 分，超过 5min 停止操作

【实训小结】

由于光纤容易折断，所以光纤熔接是一项要求十分细心的实训项目。在训练中不光对光纤接续操作方法、步骤应勤加练习，还应当有意识地锻炼耐心操作的心态。

虽然用于光纤接续的熔接机越来越先进，操作越来越方便，但熟悉熔接机的正确参数设置、维护也是十分重要的，否则参数设置错误或者不正确的维护方法，都容易导致无法熔接，或接续质量不高。

【思考题】

光纤熔接中怎样操作才可以减少光纤的熔接损耗？

实训任务五 光缆路由探测仪的使用

光缆路由探测仪是通信光缆维护中常用的一种测试仪表。本节主要是对光缆路由探测仪的使用进行实训。

【任务描述】

用光缆路由探测仪探测光缆路由位置与光缆埋深。

【实训目的】

掌握光缆路由探测仪操作方法。

【知识准备】

1. 光缆路由探测仪的用途

在直埋、管道光缆线路维护工作中，路由及埋深探测是一项十分重要的工作。无论是日常维护，还是一些技术维护，都要首先掌握光缆在地下的位置。这时就要用光缆线路路由探测器。

2. 光缆路由探测仪的工作原理

当交变电流通过一直线导体时，在该导体周围便产生一个类似同轴的交流电磁场。将一线圈放于这个磁场中，在线圈内将感应产生一个同频率的交流电压，感应电压的大小决定于该线圈在磁场中的位置和方向。当磁力线方向与线圈轴向平行时，根据电磁感应原理，磁力线轴向穿过线圈，线圈感应的电压为最大（峰值），如图 2.69(a) 所示；当线圈轴向与磁力线方向相垂直，无磁力线穿过线圈时，感应的电压为最小（零值），如图 2.69(b) 所示，由此可判断出线缆的位置。实际工作中，由于比较直观、误差小，一般多采用零值法，峰值法可作对比用。

利用接收线圈的 45°角法也可测出地下线缆的埋深，如图 2.70 所示。探头垂直地面时光缆位置产生的磁力线零点穿过线圈轴向，信号零值点即光缆位置，将探头和探杆（地面）成 45°角时，依据三角形的勾股定理，当移动至距位置点 $L=D$（埋深）时，又一磁力线零点

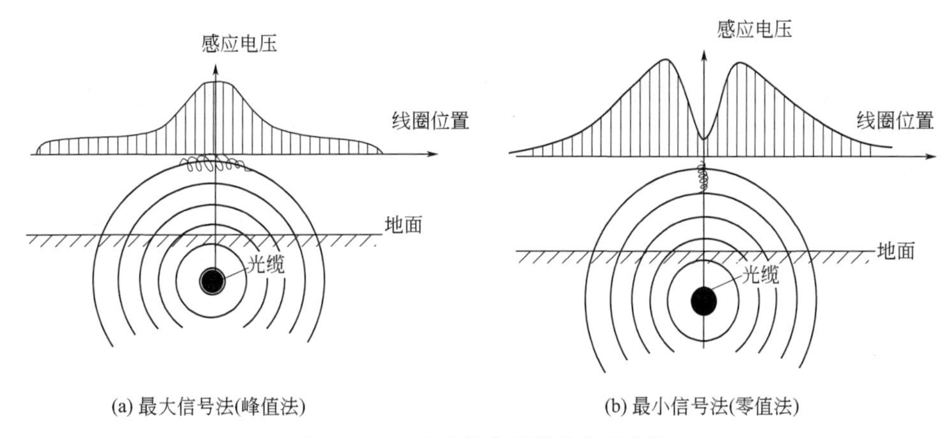

(a) 最大信号法(峰值法)　(b) 最小信号法(零值法)

图 2.69　定位光缆位置接收信号分析

穿过线圈轴向，信号出现零值点。

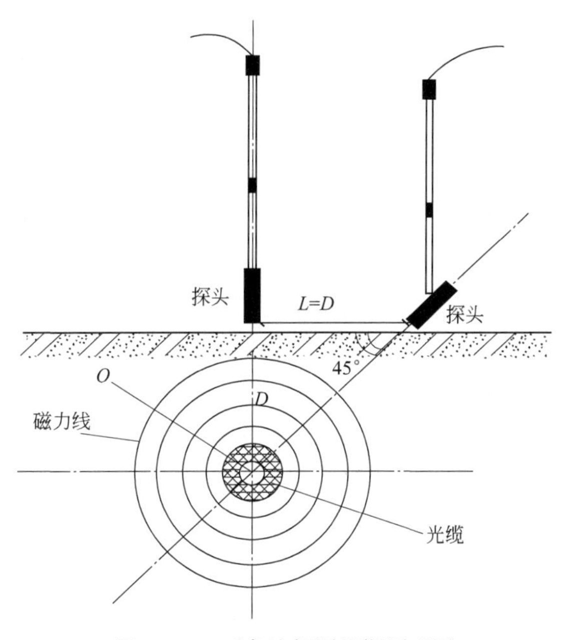

图 2.70　45°角法探测埋深原理图

光缆线路路由探测器由信号发射器和接收机两部分组成。信号发射器通过内部电路产生一定频率、功率的振荡信号，接收机通过线圈耦合信号处理以后，转换成音频、指针或数字电平的形式来对比判断。

【实训器材】

直埋光缆一条，光缆路由探测仪。

【任务实施】

1. 操作步骤

(1) 将连接线的红色接线夹妥善接到被测光缆金属外护套（或金属加强芯）监测标石接

线柱上。“地线棒”插入光缆缆路由的侧面方向，黑色接线夹接在地线棒上。信号发射机平行路由放在地面上。

（2）开启发射器电源，根据被测光缆长度，调整阻抗值，改变信号强度（与阻抗成正比），开启接收机电源，应有较强的振荡音频或指针电平信号出现，顺线路路由前行一定距离，信号依然明显，即连线成功。

（3）当接收机探头垂直于地面时为“零值”探测，当接收机探头恰好在光缆正上方时，声响急剧下降，电平指针指向“零值”，则探头下方为光缆位置。当接收机探头平行于地面时为“峰值”探测，当接收机探头恰好在光缆正上方时声响最强，表头的指针指向“峰值”，则探头下方为光缆路由。

（4）测量光缆深度时，用45°角法测定，先找出光缆位置并做上记号，将探头转到45°角的位置，再将探头与光缆路由走向成90°，平移到光缆路由侧面，声音或数值最小时再做上记号，两点记号间的距离就是光缆的埋深。

2. 使用注意事项

（1）连线时应确保连接线绝缘良好，连接点、接地点接触良好，并注意切勿接反。

（2）一般由于在起始点功率较强，应该移开一定距离来判断连接和信号质量，在光缆路由的反侧近端也会有耦合信号产生，但一定距离后会明显减弱。

（3）经过一定探测距离后，接收机增益可以调节。

（4）探测时应在左右（位置）、前后（埋深时）作小幅移动，仔细对比找到信号的突变点，以减小误差。

（5）当有外部信号源（如电力线等）与线路路由平行时，会出现干扰。有些探测器会有不同频率的信号，应尽量选择更高一级的频率。

（6）有同沟缆线或光缆盘留时，也会出现误差，特别是探测埋深时，就要根据经验和资料，或选择合理的挖点来尽量排除。

（7）深度测定准确与否取决于平面定位是否准确，测量尽量选择直线段的中间，移动方向应垂直路由。可在光缆两边测量，选取两边平均数作为深度，当零点比较宽时，通过提高灵敏度可以使零点变窄，或可取零点位置的中间点来测算埋深。

3. 保养及维修

（1）放置环境要干燥、无腐蚀。每次使用后，要清除泥土，清洁探测器；当信号发射器和接收机长期不用时，应取出电池。

（2）连接线要保持良好，发现绝缘层破损要及时修补或更换。

（3）若有指针变化，但听不到音频信号，则应检查耳机与接收机连接是否插头完好。

（4）若沿光缆路由探测一段距离后，接收信号明显减弱，则应检查电池电压是否降低，或光缆中间是否跨越接头，光缆外护套是否有较大损伤点。

（5）由于使用多在野外，一人探测时，信号发射器应有专人看护或有稳妥锁固装置。

【实训质量要求】

使用方法要正确，深度误差不超10cm，位置误差不超30cm。

【实训小结】

用路由探测仪准确测量光缆深度的前提，是要测准光缆的准确位置，再用45°法测定，角度必须正确，手提杆也必须垂直地面，声音或指针数值配合使用，以提高探测的准确性。在实际线路探测时，也要关注周边电磁场的情况，以免影响探测质量。

【思考题】

测量数据不准确有哪些可能原因？

实训任务六　接地电阻测试仪的使用

接地电阻测试仪是通信光缆工程施工与维护中常用测试仪表。本节主要是对接地电阻测试仪的使用进行实训。

【任务描述】

用ZC-8型接地电阻仪测量给定接地体的接地电阻，分析测量结果，并与规范要求对比，以判断所测的接地装置是否满足要求。

【实训目的】

① 熟悉接地电阻的额定标准。
② 熟练掌握接地电阻仪的使用方法和操作步骤。

【知识准备】

1. 接地电阻的含义

接地电阻由四部分构成：接地引线电阻、接地体电阻、接地体与土壤的接触电阻，以及土壤的散流电阻，前两部分的电阻很小可以忽略，因此接地电阻主要由接触电阻和土壤的散流电阻组成。通信光（电）缆线路各种情况下的接地电阻标准如下。

（1）交接箱地线接地电阻不得大于10Ω。

（2）分线箱接地电阻标准如表2.10所示。

表2.10　分线箱接地电阻标准

土　质	土壤电阻率 $\rho/(\Omega/m)$	分线箱对数/对		
		10以下	11～20	21以上
普通土	100以下	30	16	13
夹砂土	101～300	40	20	17
砂土	301～500	50	30	24
石质	501以上	60	37	30

（3）用户话机保安器地线接地电阻不得大于50Ω。

（4）架空电缆地线的接地电阻不得大于如表2.11所示的标准。

表2.11　架空电缆地线的接地电阻标准

土壤电阻率 $\rho/(\Omega/m)$	100以下	101～300	301～500	501以上
接地电阻/Ω	20	30	35	45

（5）电杆避雷线接地电阻标准如表 2.12 所示。

表 2.12　电杆避雷线的接地电阻标准

土壤电阻率 ρ/(Ω/m)	100 以下	101～300	301～500	501 以上
避雷线接地电阻/Ω	20	30	35	45

（6）全塑电缆金属屏蔽层单独做地线时的接地电阻标准如表 2.13 所示。

表 2.13　全塑电缆金属屏蔽层单独做地线时的接地电阻标准

土壤电阻率 ρ/(Ω/m)	土　质	接地电阻/Ω
100 以下	黑土地、泥炭黄土地、砂质黏土地	20
101～300	夹砂土地	30
301～500	砂土地	35
501 以上	石地	45

（7）全塑电缆防雷保护接地装置的接地电阻标准如表 2.14 所示。

表 2.14　全塑光缆防雷保护接地装置的接地电阻标准

土壤电阻率 ρ/(Ω/m)	接地电阻/Ω	土壤电阻率 ρ/(Ω/m)	接地电阻/Ω
100 以下	≤5	301～1000	≤20
101～300	≤10	1001 以上	适当放宽

2. 接地电阻的测试仪表

接地电阻的测试仪表一般均采用地阻仪。接地电阻测试仪一般由手摇发电机、电流互感器、检流计等组成，ZC-8 型地阻仪的面板如图 2.71(a) 所示，ZC-29B-2 型地阻仪如图 2.71(b) 所示。

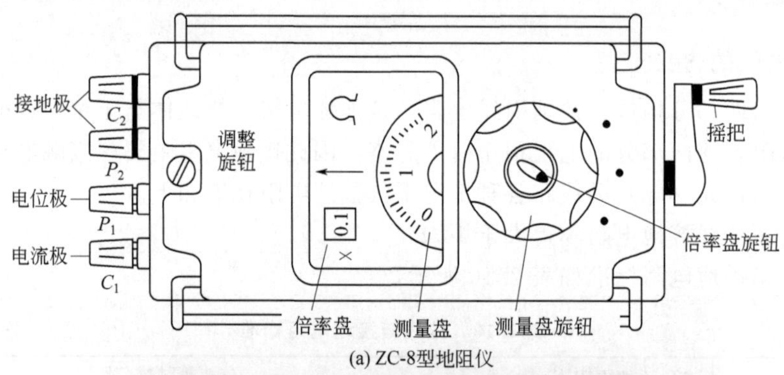

(a) ZC-8型地阻仪

(b) ZC-29B-2型地阻仪

图 2.71　地阻仪的面板布置图

【实训器材】

ZC-8 型接地电阻仪一只、锄头一只、接地体一组。

【任务实施】

1. 测试方法（以 ZC-29B-2 型地阻仪为例）

（1）沿被测接地导体（棒或板），按表 2.15 要求的距离，依直线方式埋设辅助探棒。

表 2.15　沿被测接地导体（棒或板）间距要求

接地体及形状	接地体埋深	Y/m	Z/m
棒与板	$L \leqslant 4$m	≥20	≥20
	$L > 4$m	≥5 倍 L	≥40
沿地面成带状或网状	$L > 4$m	≥6 倍 L	≥40

如所测接地导体埋深 2m，则按表 2.15 中小于 4m 规定，依直线丈量 20m 处，埋设一根电位极棒 P_1；再续量 20m 处，埋设另一根电流极棒 C_1，如图 2.72 所示。

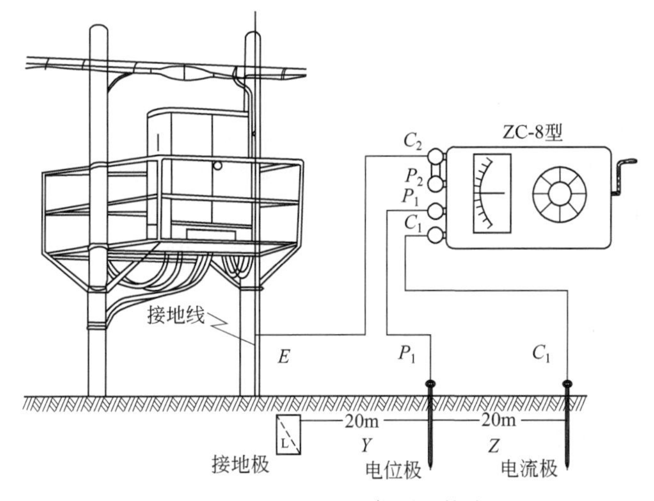

图 2.72　ZC-8 型地阻仪测量接线图

（2）连接测试导线：用 5m 导线连接 E（P_2）端子与接地极，电位极用 20m 导线接至 P_1 端子上，电流极用 40m 导线接 C_1 端子上。

（3）将表放平，检查表针是否指向零位，否则应调节到“0”位。

（4）调动倍率盘到合适位置，如×0.1、×1、×10。

（5）以 120r/min 的转速摇动发电机，同时也转动测量盘使表针稳定在零位上不动为止，如图 2.73 所示，此时，测量盘所指的刻度读数，乘以倍率读数，即为接地电阻。

被测接地电阻值＝测量盘指数×倍率盘指数

（6）当检流表的灵敏度过高时，可将 P_1（电位极）接地导体插入土壤中浅一些；当检流表的灵敏度过低时，可在 P_1 棒周围浇上一点水，使土壤湿润，但应注意，不能浇水太多，使土壤湿度过大，这样会造成测量误差。

（7）当有雷电的时候，或被测物带电时，应严格禁止进行测量工作。

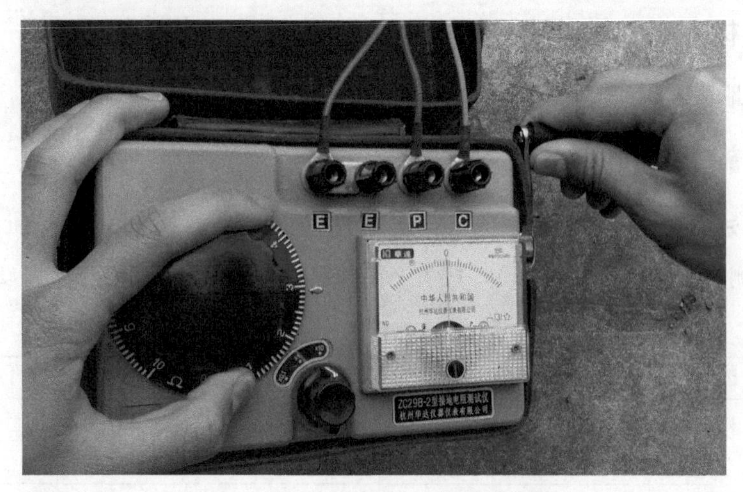

图 2.73　ZC-8 型地阻仪测量操作图

2. 注意事项

（1）测量前，应合理选择辅助电极的布极位置，要求所选择的布极点没有杂散电流的干扰，并且辅助电压极、辅助电流极和接地体边缘三者之间，两两距离不小于 20m。

（2）为了提高测量精度，在条件允许的情况下，将接地体与其上连接的设备断开，以免接地体上泄漏的杂散电流影响测量精度。

（3）测试极棒应牢固可靠接地，防止松动或与土壤间有间隙。如果测量时地阻仪灵敏度过高，可将辅助电极向上适当拉出；如果地阻仪灵敏度过低，可以在辅助电极周围浇水，以减小辅助电极的接触电阻。

（4）测量接地电阻的工作，不宜在雨天或雨后进行，以免因大地湿度大而引起接地电阻偏小。

（5）当测试现场不是平地，而是斜坡时，电流极棒和电压极棒距地网的距离，应该是水平距离投影到斜坡上的距离。

【实训质量要求及评分标准】

接地电阻测量的实训质量要求及评分标准见表 2.16。

表 2.16　接地电阻测量的实训质量要求及评分标准

时间	分值	考核内容	质量要求	评分标准
5min	20 分	布放测量线、打接地棒、测试	1. 正确使用仪表 2. 测试方法、步骤正确 3. 计算结果要求精确到 0.1Ω 4. 要求判断结果正确	1. 仪表未校准扣 3 分 2. 电位极、电流极连接端子不正确扣 10 分 3. 倍率盘的数值选择不准确扣 5 分 4. 操作方法不正确扣 3 分 5. 读数误差超过±10%扣 5 分；超过 20%扣 10 分 6. 测试结束后未收线扣 5 分 7. 超过时限 1min 扣 1 分，超时 3min 结束考试

【实训小结】

测试接地电阻也是线路设备施工安装和线路定期维护工作内容之一。为了线路及设备和人身的安全，必须对所有线路及设备的接地体进行测试，判断是否符合各种接地电阻的标准值要求。通过实训使学员熟悉各种接地电阻的标准值要求和熟练掌握接地电阻仪测量使用方法。

【思考题】

（1）测量通信接地系统电阻时，是否可将地网与通信系统暂时脱离，以求测量的准确性？为什么？

（2）测量时数值显示无穷大可能是什么原因？

【知识链接】 光话机的使用

光话机是通信光缆工程施工与维护中的一种业务通信工具，我们可以在一段光缆线路上用光话机进行语音通信联络。

1. OTS-4 光话机简介

（1）适用范围：可用于干线光纤光缆的施工及维护，以及地铁运营的光纤通 OTS-4 手持式光话机如图 2.74 所示，它采用进口激光发射和探测器件，结构小巧且紧凑，便于携带和使用，性能稳定可靠，通话质量优良，话音清晰，动态范围大，适用于光纤通信，并且具备野外通信环境恶劣条件下的通信功能。该光话机参数见表 2.17。

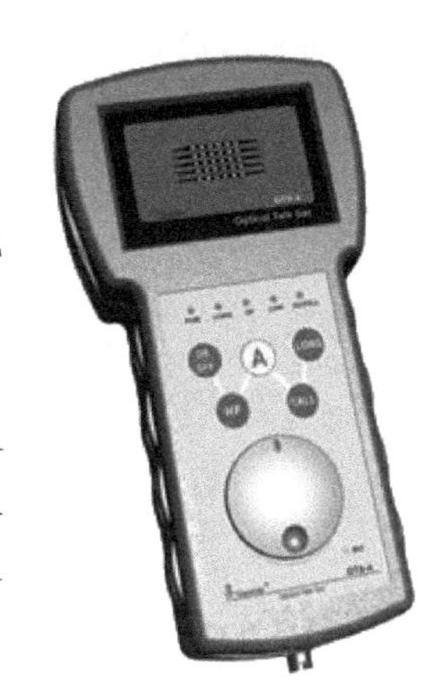

图 2.74　手持式光话机

表 2.17　光话机参数

型号	OTS-4
波长	A 机：1310nm；B 机：1550nm
适用光纤类型	单模光纤
通信/调制方式	全双工方式/模拟数字混合方式
光连接器	FC/PC（也可定制 SC 或 ST 连接器）
动态范围	50dB@1550nm
三方通信	支持
免提通话	支持
电源	6 节 AA 电池（可连续使用 40h）
工作温度	－10～50℃
储存温度	－20～70℃
尺寸/重量	240mm×110mm×40mm/545g
附件	AA 充电电池×12（OTS-4）、耳机两副、软携带包、说明书两本、电源适配器两个
选件	光话机夹具、三方通信线

（2）产品特点：

- 低功耗，节约能源；
- 长短通信切换功能适用于不同的场合；
- 话音清晰，背景噪声小；
- 具有体贴周到的蜂鸣器呼叫功能；

- 具有32挡电子音量调节；
- 具有关机音量自动保存功能；
- 具有低电量预警功能；
- 具有三方通话功能。

2. 光话机线路连接

光话机连线框图如图2.75所示。这种方式为机房—施工点（或抢修点）的连接法，主要为避免手机盲区或其他原因造成的通信不便。夹具同光纤识别器一样，利用对光纤微弯产生的泄漏光来进行通信。

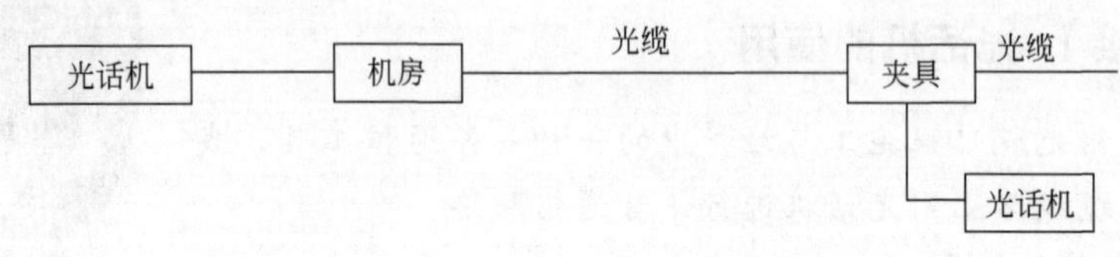

图2.75 光话机连线框图

第三章

光通信线路工程实训

本章介绍光通信线路工程相关实训项目。实训任务包括管道光缆的敷设、光缆接续、光缆交接箱成端安装、光缆ODF架成端安装、光缆分纤箱成端安装。

知识目标	能力目标
◆ 了解管道光缆的敷设的方法 ◆ 熟悉管道光缆敷设的技术规范要求 ◆ 掌握有限空间作业安全操作规程 ◆ 熟悉光缆接续的技术规范要求 ◆ 熟悉光缆交接箱的结构与功能 ◆ 熟悉ODF架的结构与功能 ◆ 熟悉光缆分纤箱的结构与功能 ◆ 掌握交接箱、ODF架、分纤箱成端安装的技术规范要求	◆ 能进行管道光缆的敷设 ◆ 能进行12芯光缆接续 ◆ 能进行光缆交接箱成端安装 ◆ 能进行光缆ODF架成端安装 ◆ 能进行光缆分纤箱成端安装

实训任务一 管道光缆的敷设

管道光缆的敷设是通信线路工程施工的主要工作。本节是对管道光缆的敷设进行实训。

【任务描述】

根据设计图纸进行管道光缆敷设。

【实训目的】

① 掌握管道光缆的敷设技能及相关的技术规范。
② 熟悉有限空间作业安全操作规程。

【知识准备】

（一）地下室、无人站及人孔内工作的安全要求

1. 启闭人孔盖安全要求

（1）启闭人孔盖应使用钥匙，防止受伤。
（2）雪、雨天作业注意防滑，人孔周围可用砂土或草包铺垫。

（3）开启孔盖前，人孔周围应设置明显的安全警示标志和围栏，作业完毕，确认孔盖盖好后再撤除。

2. 下人孔作业安全要求

（1）必须先进行通风，确认无易燃、有毒有害气体后再下孔作业；作业人员必须戴好安全帽，穿防水裤和胶靴。

（2）人孔内如有积水，必须先抽干；抽水必须使用绝缘性能良好的水泵，排气管不得靠近孔口，应放在人孔外的下风处。

（3）在孔内作业时，孔外应有专人看守，随时观察孔内人员情况。

（4）作业期间应保持不间断的通风，并使用仪器对孔内气体进行适时检测；作业人员若感觉不适应立即呼救，并迅速离开人孔，待采取措施后再作业。

（5）严禁在孔内预热、点燃喷灯，吸烟和取暖；正在燃烧的喷灯不准对人。

（6）在孔内需要照明时，必须使用行灯或带有空气开关的防爆灯。

（7）凿掏孔壁、石质地面或水泥地时，必须佩戴防护眼镜。

（8）传递工具、用具时，必须用绳索拴牢，小心传送。

（9）作业时遇暴风雨，必须在人孔上方设置帐篷；若在低洼地段，还应在人孔周围用沙袋筑起防水墙。

（10）上、下人孔时必须使用梯子，放置牢固，不准把梯子搭在孔内线缆上，严禁作业人员蹬踏线缆或线缆托架。

（二）布放管道电（光）缆作业的安全要求

（1）车来人往繁华地区布放管道电（光）缆时，沿线应设安全标示，并有专人负责指挥车辆行人。

（2）放管道电（光）缆前应对缆盘清理，以免钉子伤人。

（3）放管道电（光）缆时，应保持水平，缆盘离地面不可太高，以自由转动为宜。

（4）牵拉引线，钢丝绳及敷设电缆时应戴手套。

（5）布放管道电（光）缆应专人指挥，统一信号，保持通信联络。

（6）布放管道电（光）缆，遇公路、铁路道口处，不准影响行人、车辆和列车通行。

（三）光缆敷设的一般规定

（1）光缆的弯曲半径应不小于光缆外径的15倍，施工过程中不应小于20倍。

（2）一般光缆可允许的拉力约为150～200kg，布放光缆的牵引力应不超过光缆允许张力的80%。瞬间最大牵引力不得超过光缆允许张力的100%。主要牵引应加在光缆的加强件（芯）上。

（3）光缆牵引端头可以预制，也可以现场制作。

（4）为防止在牵引过程中扭转而损伤光缆，牵引端头与牵引索之间应加入转环。

（5）布放光缆时，光缆必须由缆盘上方放出并保持松弛弧形。光缆布放过程中应无扭转，严禁打小圈、浪涌等现象发生。

（6）光缆布放采用机械牵引时，应根据牵引长度、地形条件、牵引张力等因素选用集中牵引、中间辅助牵引或分散牵引等方式。

（7）机械牵引用的牵引机应符合下列要求：牵引速度调节范围应在0～20m/min，调节方式应为无级调速；牵引张力可以调节，并具有自动停机性能，即当牵引力超过规定值时，能自动发出告警并停止牵引。

（8）布放光缆，必须严密组织并有专人指挥，牵引过程中应有良好联络手段，禁止未经训练的人员上岗和无联络工具的情况下作业。

（9）光缆布放完毕，应检查光纤是否良好，光缆端头应做密封防潮处理，不得浸水。

【实训器材】

安全帽、反光背心、反光路障、工具包、有毒气体检测仪、对讲机、抽水机、硬质塑料穿管通棒或竹片、清刷管道的整套工具、ϕ1.6mm 或 ϕ2.0mm 的铁丝、牵引钢丝绳、光（电）缆网套与转环装置、千斤顶、管道光缆机械牵引机（辅助牵引机、卷扬机、绞盘）、铁喇叭口、滑轮、光缆等。

【任务实施】

1. 敷设前的准备工作

根据要求将光缆敷设到管道内，按照施工规范要求进行操作，同时应注意操作安全。对于久闭未开的人（手）孔可能存在可燃性气体和有毒气体，敷设前需要开孔通风换气，并用有毒气体检测仪进行检测。对于有积水人（手）孔，需要抽水机排除积水。

（1）管孔的选用。首先要按设计核对光缆占用的管孔位置。光（电）缆敷设在管道中，合理地选用管孔，有利于穿放光缆和今后的维护工作。在选用管道管孔时，总的原则是先下后上，先侧后中。大容量线缆一般应敷设在靠下和靠侧壁的管孔。

管孔必须对应使用。同一条线缆所占用的管孔位置，在各个人（手）孔内应尽量保持不变，以避免发生交错现象。

一般是一孔一缆。当光缆外径较小时，允许在同一管孔内穿放多条光缆。布放光缆时必须加套子管，子管中一管一光缆。

（2）清刷管孔和人（手）孔。无论新建管道或利用旧管道，在敷设电缆之前，均应对管孔和人（手）孔进行清刷，以便顺利穿放光（电）缆。常用的清刷管道的方法有以下几种。

① 用硬质塑料管穿通或竹片清洗法。竹片之间用 ϕ1.6mm 直径的铁线逐段扎接，竹片表面朝下（表面光滑，减少阻力），后一片叠加在前一片的上面，这样可减小阻力。有积水的地方应将积水抽掉，然后才能穿入竹片。竹片始端穿出管孔后，应在竹片末端缚上铁线一根，带入管孔内作为铺设电缆的引线。利用引线末端连接如图 3.1 所示的清刷管道的整套工具或其他工具，进一步清除管孔内的污泥和其他杂物，同时对人孔内的杂物或积水也应清除，即可敷设光（电）缆。注意在工具制作时，各相关物件应牢固，以避免中途脱落或折断给洗管工作带来麻烦。

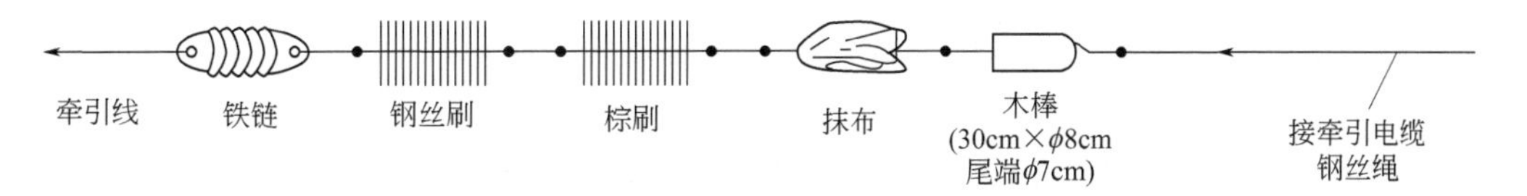

图 3.1　清刷管道工具

② 压缩空气清洗法。压缩空气清洗法广泛用于密闭性能良好的塑料管道。先将管道两端用塞子堵住，通过气门向管内充气，当管内气压达到一定值时，突然将对端塞子拔掉，利用强气流的冲击力将管内污物带出。采用这种方法的设备包括液压机、气压机、储气罐和减压阀等。

③ 机器洗管法。对于塑料管道，采用自动减压式洗管技术。由于塑料管道密封性较高，普遍利用气洗方式洗管。对于水泥管道，由于密封性差和摩擦力大，不宜采用气压洗管方式，但可采用根据水泥管道的特点开发的机器洗管器进行，如图 3.2 所示。该机模拟人工洗管方式，利用摩擦原理使洗管推进器的橡胶同步带与聚乙烯管之间的摩擦力推动洗管器完成洗管。

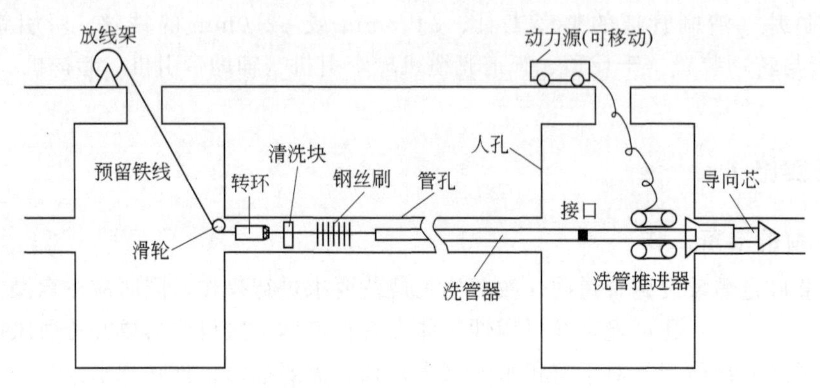

图 3.2　机器洗管器示意图

2. 预放塑料子管

随着通信的大力发展，城市电信管道日趋紧张，根据光缆直径小的优点，为充分发挥管道的作用，提高经济、社会效益，人们广泛采用对管孔分割使用的子母管道方法，即在一个管孔内采用不同的分隔形式可布放 3～4 根光缆。用得较多的是在一个 ϕ90 的管孔中预布放 3 根塑料子管的分隔方法，如图 3.3 所示。塑料子管的外径约为 1 英寸(1 英寸＝25.4cm)。

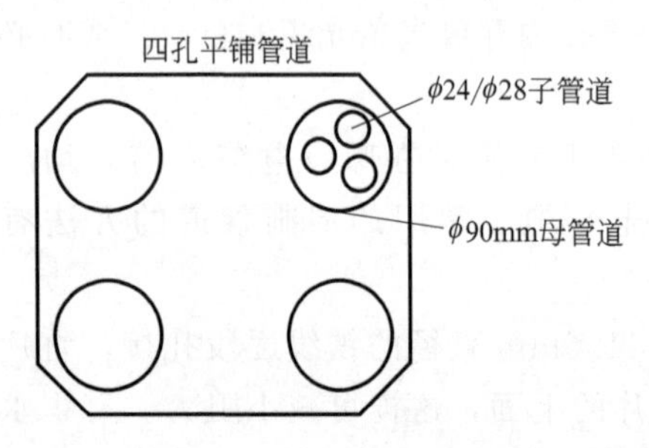

图 3.3　子母管道示意图

(1) 塑料子管的质量检查。对于城市中 ϕ90mm 标准管孔，可容纳 3/4 英寸塑料子管 3 根，2 英寸塑料子管 1 根或 1 英寸塑料子管 3 根。3/4 英寸子管用于布放直径为不大于 ϕ15mm 的光缆。1 英寸子管适合于直径小于 ϕ20mm 的光缆。对于埋式铠装光缆，应选用合适的子管。大直径子管，在一个管孔中只能布放二根子管。这种子管限于布放长途或 24 芯以上的大容量光缆，以提高其管道的利用率。

(2) 子管内预放牵引绳索。用子管布放光缆，必须在放缆前在子管内预放一根牵引绳索。预放的时间、方式主要有下列几种。

① 竹片穿引法。将子管展开用细竹片接长穿入子管，并将牵引光缆用铁丝或尼龙绳穿入管内，然后将子管圈好待放。

② 用空压机将尼龙线吹入子管内，并通过尼龙线将牵引光缆用铁丝或尼龙绳带入子管内。这种方法也可先预穿好尼龙线待子管放入管孔，在敷设光缆时改由铁线或尼龙绳牵引光缆。

③ 用 ϕ6mm 弹簧钢丝作穿引针进行预放牵引绳索。这种方法也可在子管放入管孔后

进行。

（3）敷设塑料子管

① 用 ϕ6mm 弹簧钢丝作穿引针，首先穿入管孔内，将弹簧钢丝的一端固定在塑料管顶端的钢筋架上（钢筋为自制，夹住 3 根或 4 根子管）；另一端用人工或用普通电缆拖车或用绞线盘拖拽。

② 将 3 根或 4 根子管用铁线捆扎牢固，然后通过转环用牵引钢绞绳或铁线，由人工或拖车拖拽。

③ 在子管布放过程中若产生扭曲，将给光缆的敷设带来困难，当扭绞节距在 10m 以内时，光缆与子管内壁的摩擦力增大，牵引张力将增加几倍。因此，敷设塑料子管时，应避免扭曲。其方法是，在子管前边加转环，最好每隔 2～5m，用聚丙烯扎带将 3 根或 4 根子管绑扎在一起。

3. 敷设光缆

敷设通信管道光缆的工序包括估算牵引张力制定敷设计划、管孔内拉入钢丝绳、牵引设备安装、牵引光缆和人（手）孔内光缆的安装等几个步骤。下面介绍牵引光缆的方法和人（手）孔内光缆的安装方法。

（1）光缆的准备。根据光缆配盘要求、光缆长度及光缆规格等，将光缆盘放在准备穿入光缆的管道的同侧，并使光缆能从盘的上方放出，然后把光缆盘平稳地安放在电缆千斤顶上，顶起不要过高，一般使缆盘下部离地面约 5～10cm（缆盘能自由转动）即可，由光缆盘至管口的一段光缆应成均匀的弧形，如图 3.4 所示。

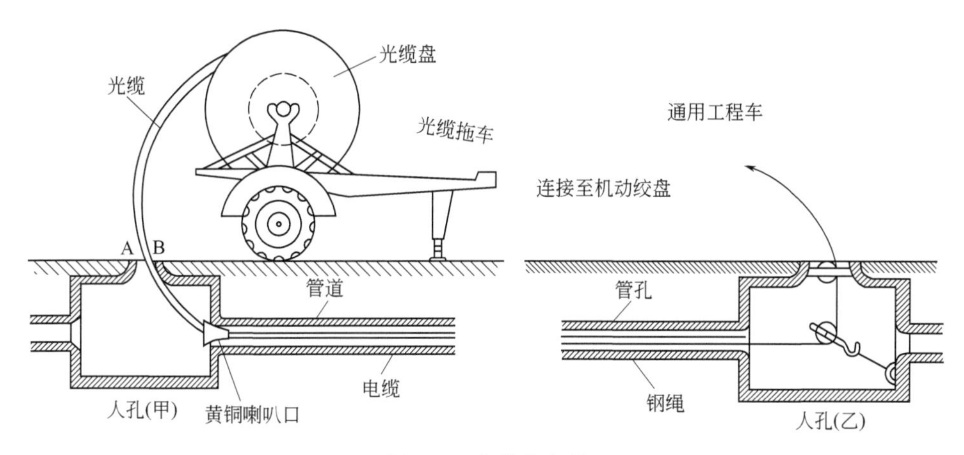

图 3.4　光缆盘安放

当两人孔间为直管道时，光缆应从坡度较高处往低处穿放；若为弯管道时，应从离弯处较远的一端穿入。引上光缆应从地下往引上管中穿放。在人孔口边缘顺光缆放入的地方应垫以草包或草垫，管道入口处应放置黄铜喇叭口，以免磨损光缆护套。

（2）光缆牵引头的制作。光缆牵引头可以预制也可以现场制作，主要有简易式牵引头和网套式牵引头两种。

简易式牵引头的制作方法是：先将光缆的一端开剥 30～40cm，留下加强芯做一扣环，并用 ϕ1.6mm 或 ϕ2.0mm 的铁丝 2 根与加强芯一样做扣环，然后用铁丝在光缆上绑扎 3 道，最后用防水胶布包扎（加强芯扣环在护层前边，扎线一般为 3～5 道，若张力较大时可多扎几道)。护层接口处要用防水胶布包紧，以免水的浸入。当采用机械牵引时，牵引索均使用钢丝绳，当采用人工牵引时，可采用尼龙绳或铁线做牵引索。

网套式牵引头受力时收紧，具有受力分布均匀且面积大的优点，故非常适用于钢丝铠装的光缆。用于非钢丝铠装的光缆时，把加强芯引出做一扣环，将其与网套扣环一起引至转环。牵引光缆网套套在光缆端部并用铁线扎紧。牵引用的钢丝绳与光缆网套的连接处应加接一个铁转环，防止钢丝绳扭转时光缆也随着横向扭转而损坏。光缆网套与转环装置，以及光缆牵引端头制作示意图如图 3.5、图 3.6 所示。

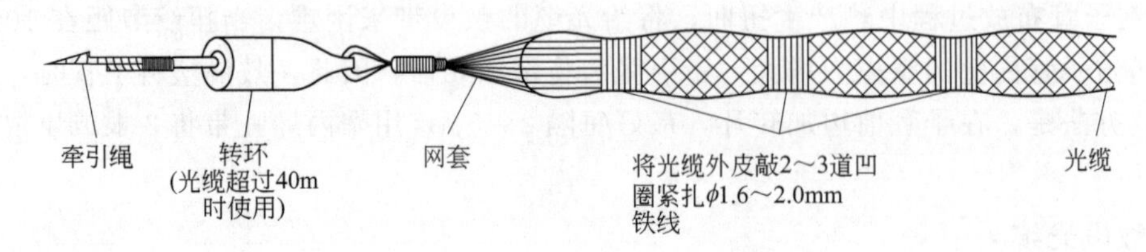

图 3.5　光缆网套与转环装置

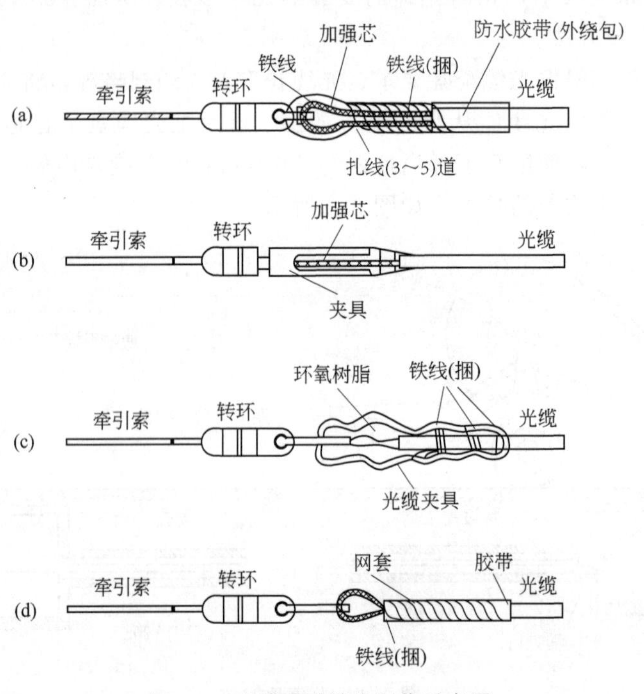

图 3.6　光缆牵引端头制作示意图

① 简易式。如图 3.6(a) 所示，这是较常用的一种，适用于直径较小的管道光缆。其制作方法是：将光缆的 30～40cm 只留下加强芯并作一扣环，用 ϕ1.6mm 或 ϕ2.0mm 铁线 2 根与加强芯一样作扣环，然后由铁丝在光缆上捆扎三道，最后用防水胶带包扎（加强芯扣环在护层前边扎线一般为 3～5 道，若张力较大时要多扎几道）。护层切口处应用防水胶带紧包以避免水的浸入。转环对于管道光缆敷设是不可少的。当采用机械牵引时牵引索都用钢丝绳，当采用人工方式牵引时，可用尼龙绳或铁丝作牵引索。

② 夹具式牵引头。如图 3.6(b) 所示，这种方式较方便，一般用在压接套筒式、弹簧夹头式和抓式夹具。使用时，先将光缆剖开，去除护层和芯线约 10cm，加强芯用夹具夹紧，

护层由套筒收紧。夹具本身带转环，为了提高防水性能，在套筒与护套间用防水胶包扎好。

③ 预制型牵引端头。预制型牵引端头是由工厂或施工队在施工前预先制作的一种方式，这是一次性牵引端头，使用一次后不再利用。这种方式的优点是可预先制作好，施工现场不必制作，方便省时，同时具有防水性能良好的特点。如图 3.6(c) 所示。

④ 网套式牵引端头。如图 3.6(d) 所示，由于 40～50cm 长的网套具有收紧性能，受力分布均匀且面积大，故非常适用于具有钢丝铠装的光缆。当用于非钢丝铠装的光缆时，应把加强芯引出作一扣环，将其与网套扣环一同连至转环。在有水区域敷设时，在套上网套时，光缆端头应预先用树脂或防水胶带等材料做防水浸入处理。

(3) 光缆的牵引。牵引光缆过程中，要求牵引速度均匀，一般每分钟不超过 10m，并尽可能避免间断顿挫。牵引绳的另一端通过对方人孔中的滑轮以变更牵引方向，并引出人孔口，然后绕在绞线盘上。若人孔壁上有事先安装好的 U 形拉环，则牵引绳通过滑轮即可进行牵引，如图 3.7 所示。

人孔内如没有 U 形拉环，也可以立一根木杆，牵引绳通过滑轮进行牵引，如图 3.8 所示。牵引的动力可采用绞盘、卷扬机或汽车，应根据实际情况来确定。牵引时工作人员不得靠近钢丝绳，以防钢丝绳突然断裂而发生意外。

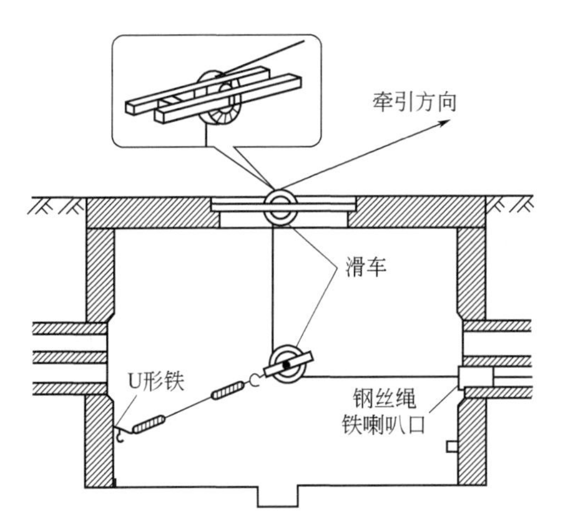

图 3.7　有 U 形拉环牵引示意图

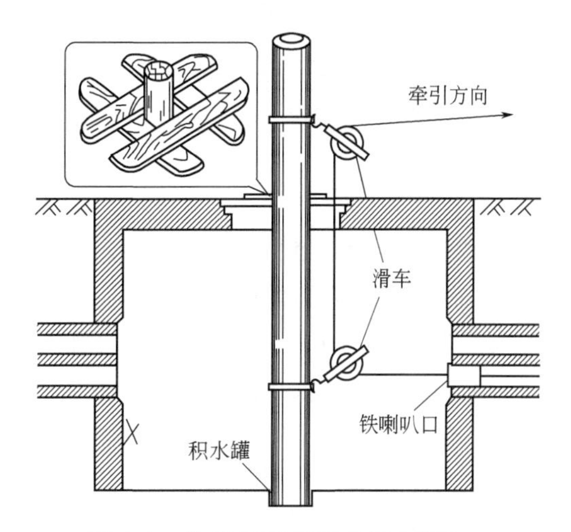

图 3.8　没有 U 形拉环牵引示意图

光缆的牵引方法主要有以下几种。

① 机械牵引法。分为集中牵引法和中间辅助牵引法两种。集中牵引法即端头牵引法，牵引钢丝通过牵引端头与光缆端头连好（牵引力只能加在光缆加强芯上），用终端牵引机将整条光缆牵引至预定敷设地点，如图 3.9 所示。

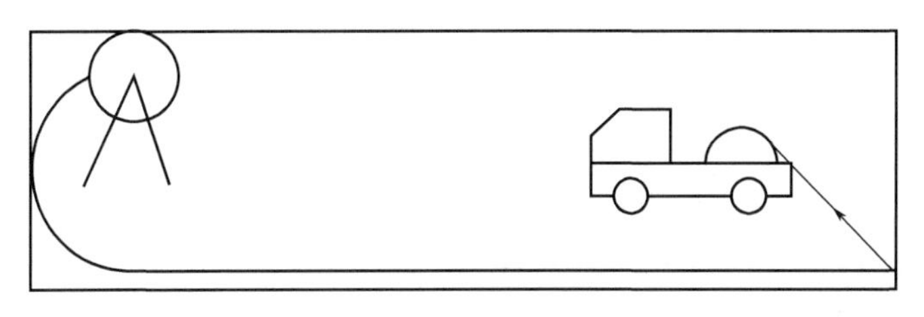

图 3.9　机械牵引法

② 中间辅助牵引法是一种较好的敷设方法，如图 3.10 所示。它既采用终端牵引机，又使用辅助牵引机。一般以终端牵引机通过光缆牵引端头牵引光缆，辅助牵引机在中间给予辅助，使一次牵引长度得到增加。图 3.11 所示就是在管道光缆敷设中利用这种方法的典型例子。

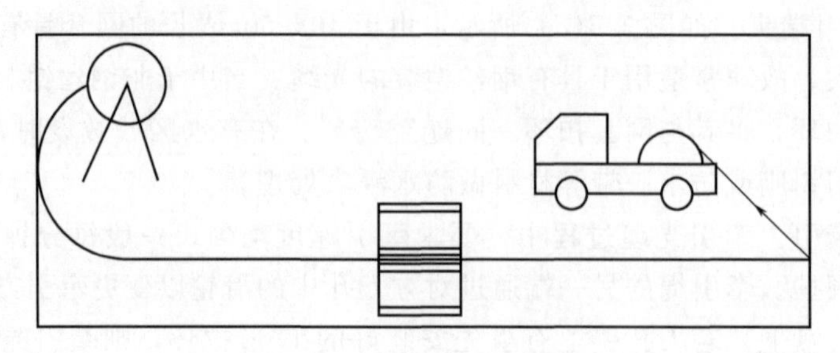

图 3.10　中间辅助牵引法

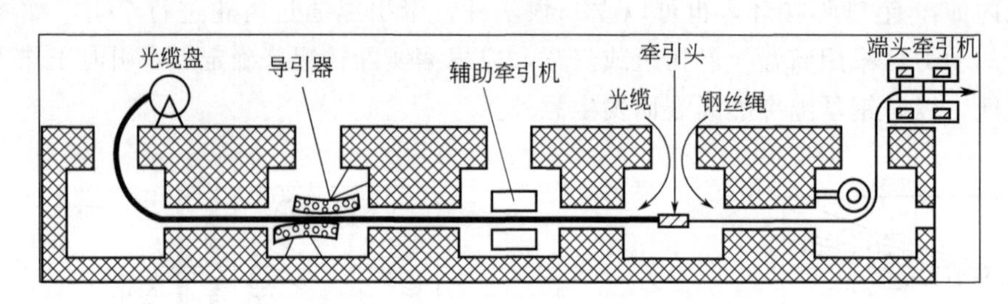

图 3.11　管道光缆机械牵引示意图

③ 人工牵引法。由于光缆具有轻、细、软等特点，故在没有牵引机情况下，可采用人工牵引方法来完成光缆的敷设。

人工牵引方法的重点是在统一指挥下尽量同步牵引。牵引时一般为集中牵引与分散牵引相结合，即有一部分人在前边拉牵引索（尼龙绳或铁线），每个人孔中有一两个人辅助牵拉。前边集中拉的人员应考虑牵引力的允许值，尤其在光缆引出口处，应考虑光缆牵引力和侧压力，一般一个人在手拉拽时的牵引力为 30kg 左右。

人工牵引布放长度不宜过长，常用的办法是采用“蛙跳”式敷设法，即牵引几个人孔段后，将光缆引出盘后摆成“∞”形（地形、环境有限时用简易“∞”架），然后再向前敷设，如距离长还可继续将光缆引出盘成“∞”形，一直至整盘光缆布放完毕为止。人工牵引导引装置，不像机械牵引要求那么严格，但拐弯和引出口处还是应安装导引管为宜。

④ 机械与人工相结合的敷设方法。

a. 中间人工辅助牵引方式。终端用终端牵引机作主牵引，中间在适当位置的人孔内由人工帮助牵引，若再用上一部辅助牵引机，这样更可延长一次牵引的长度。

端头牵引较费事的是，它必须先把牵引钢丝放到始端，然后再进行牵引。解决这一问题的方法是：假设牵 1km 光缆，可以让前 400m 由人工牵引，与此同时终端牵引机可向中间放牵引钢丝，这样当两边合拢后，再采用端头牵引与人工辅助牵引相结合的方式，既加快了敷设速度，又充分利用了现场人力，提高了劳动效率。

b. 终端人工辅助牵引方式。这种方式是中间采用辅助牵引机，开始时是用人工将光缆牵引至辅助牵引机，然后这些人员又改在辅助牵引机后边帮助牵引，由于辅助牵引机有最大200kg的牵引力，因此大大减轻了劳动量，同时延长了一次牵引的长度，减少了人工牵引方法时的“蛙跳”次数，提高了敷设速度。

(4) 人孔内光缆的安装

① 直通人孔内光缆的固定和保护。光缆牵引完毕后，由人工将每个人孔中的余缆沿人孔壁放至规定的托架上，一般尽量置于上层。为了光缆今后的安全，一般采用蛇皮软管或PE软管保护，并用扎线绑扎使之固定，绑扎好光缆标牌。其固定和保护如图3.12所示。

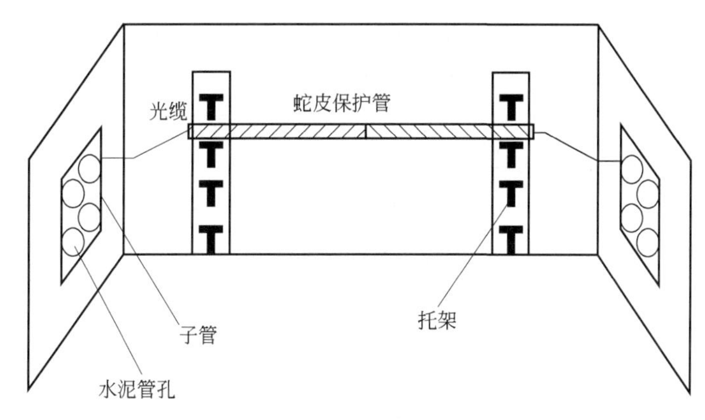

图3.12　光缆的固定和保护

② 接续用余留光缆在人孔中的固定。人孔内供接续用光缆余留长度一般5～10m，由于接续工作往往要过几天或更长的时间才能进行，因此余留光缆应妥善地盘留于人孔内。具体要求如下：

a. 光缆端头做好密封处理，为防止光缆端头进水，应采用端头热可缩帽做热缩处理；

b. 余缆盘留固定，余留光缆应按弯曲曲率的要求，盘圈后挂在人孔壁上或系在人孔内盖上，注意端头不要浸泡于水中。

【实训质量要求】

管道光缆敷设按流程操作，主要牵引应加在光缆的加强件（芯）上，光缆布放过程中应无扭转，无损伤，严禁打小圈、浪涌等现象发生，光缆的弯曲半径应达到规定要求。光缆布放完毕，应检查光纤是否良好，光缆端头应做密封防潮处理，不得浸水，布放好以后余留光缆，并安装上光缆吊牌，做好光缆保护措施。

【实训小结】

通过管道光缆敷设的操作实训，理解了管道光缆线路敷设的操作流程、方法、敷设规范及施工安全注意事项。

【思考题】

(1) 简述管道光缆敷设的操作流程及注意事项。

(2) 管道光缆敷设前应做哪些准备工作？

【知识拓展】 吹缆作业安全注意事项

(1) 作业时应指定专人负责，作业人员必须服从指挥，协调一致。

(2) 作业人员必须穿戴防护用品，戴安全帽；在人口密集区和车辆通行处应设置警示标志，必要时应安排人员看守；禁止作业人员进入吹缆作业区域。

(3) 吹缆设备必须处于良好的工作状态，防护罩和气流挡板必须牢固可靠，设备内部的所有软管或管道无磨损，状态完好；电气元件完好无缺。

(4) 吹缆作业前必须固定光缆盘，接好硅芯塑料管；吹缆时，非作业人员必须远离吹缆设备，防止硅芯塑料管爆裂，缆头回弹伤人。

(5) 吹缆收线时，人孔内严禁站人，防止硅芯塑料管内的高压气流和沙石溅伤。

(6) 使用吹缆机及蜗杆式空压机应遵守以下安全要求。

① 吹缆机操作人员必须佩戴护目镜、耳套等劳动防护用品。

② 严禁将吹缆设备放在高低不平的地面上。

③ 严禁作业人员在密闭的空间操作设备，必须远离设备排除的热废气。

④ 应保持液压动力机与建筑物和其他障碍物的间距在1m以上；严禁设备的排气口直接对易燃物品。

⑤ 确保所有软管无破损，并连接牢固。

⑥ 空压机排气阀上连有外部管线或软管时，不准移动设备；连接或拆卸软管前必须关闭空压机排气阀，确保软管中的压力完全排除。

实训任务二 光缆接续

光缆接续是通信光缆工程的主要工作。本节主要是对光缆接续项目进行实训。

【任务描述】

12芯光缆接续。

【实训目的】

① 掌握光缆的正确开剥及在接头盒内的固定方法。

② 掌握利用光纤切割刀进行光纤端面制作。

③ 掌握光纤熔接机的使用及维护方法。

④ 掌握运用热可缩补强法进行光纤接头保护。

⑤ 掌握余留光纤在接头盒中的收容。

【知识准备】

1. 非带状光缆的端别与纤序识别

光缆的端别由于其缆芯结构不同，各个生产厂家生产的产品不完全一致。一般来说，可按以下方式来对光缆的端别进行识别。

面对光缆截面，对于非带状光纤，以红-绿顺时针排列为A端，逆时针为B端。这种识别方法适用于层绞式光缆和骨架式光缆。其中层绞式松套光缆可按松套管的颜色来确定A、B端。

如按上述方式不能区分端别时，可按厂家提供的有关资料来区分光缆的端别，如仍不能区分，则按光缆外护套上标明光缆长度的数码来区分，如规定小数字端为A端，大数字端为B端。

在施工设计中有明确规定的应按设计中的规定来区别光缆端别。

在确定了光缆的端别后，就可以确定光纤的纤序了。一般来说，按照端别和光纤涂覆层的颜色，可以将光纤的纤芯顺序区分清楚。如层绞式松套光缆A端纤序为：首先确定松套管顺序，按顺时针从红到绿顺序为1、2、…、$n-1$、n。然后确定每根松套管内光纤顺序，按蓝、橘、绿、棕、灰、白、红、黑、黄、紫、粉红、天蓝顺序排列。

2. 带状光缆的纤序识别

如果是12芯带状光缆，色谱为：蓝、橙、绿、棕、灰、白、红、黑、黄、紫、粉、青。

如果是6芯带状光缆，色谱为：蓝、橙、绿、棕、灰、白，每条带纤都有印字的。

例如，144芯的带纤是有12带，每一带是12芯，每一带都有颜色表示，依次是：蓝、橙、绿、棕、灰、白、红、黑、黄、紫、粉红、天蓝。

【实训器材】

1. 实训材料

光缆接头盒、光缆、热可缩管、酒精及清洁棉球、密封胶带。

2. 实训工具设备

光缆护层开剥刀、束管钳、卡钳、扳手、螺钉旋具、涂覆层剥离钳、光纤端面切割刀、光纤熔接机。

【任务实施】

1. 光缆接头盒准备

打开接头盒，检查内部结构及配件是否完整完好，如图3.13所示。

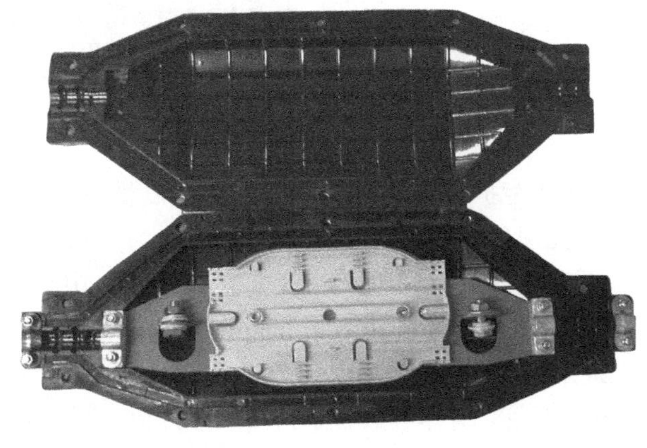

图3.13　光纤接头盒

2. 光缆开剥及固定

(1) 开剥光缆外被层、铠装层，如该光缆有铠装层，则根据接头需要长度（120cm 左右），把光缆的外被层、铠装层剥除。光缆开剥长度根据不同的接头盒确定。

(2) 按接头需要长度开剥内护层（无铠装层即为外护层，这里以无铠装为例），将护套开剥刀放入光缆开剥位置，调整好光缆护套开剥刀刀片进深，沿光缆横向绕动护套开剥刀，将光缆护套割伤后拿下护层开剥刀，轻折光缆，使护套完全断裂，然后拉出光缆护套。如图 3.14所示。

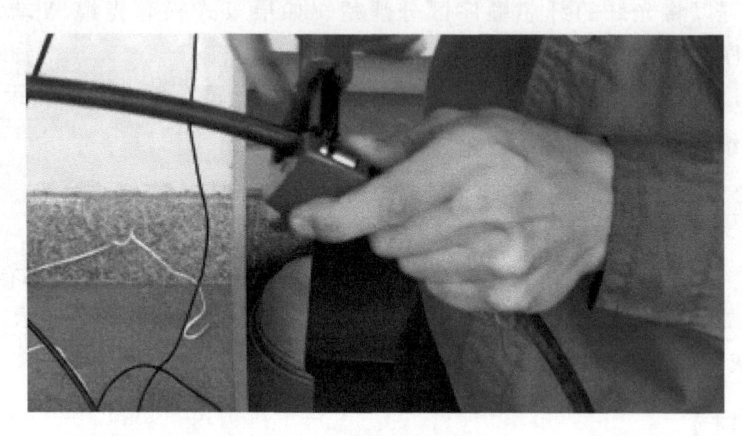

图 3.14 开剥护套

(3) 打开光缆缆芯，用卡钳剪断加强芯并留适当长度，选用束管钳适合的刀口，将松套管放入该刀口，夹紧束管钳将松套管切断并拉出（或墙纸刀割伤松套管折断束管并拉出）。如图 3.15 所示。

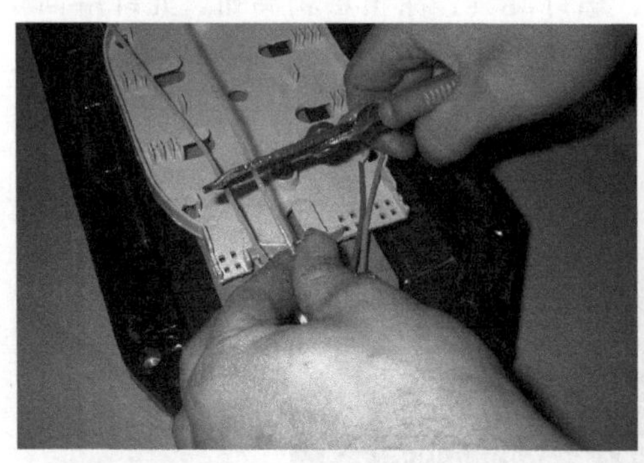 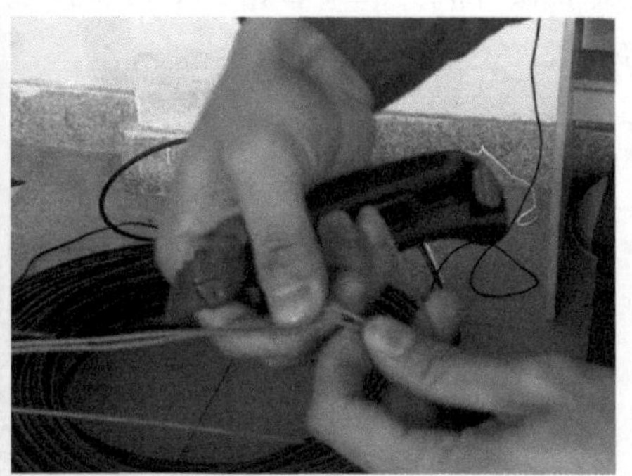

图 3.15 去除松套管

(4) 接头盒进缆孔处光缆距护套切口 8～10cm 处用砂皮横向打毛，绕包一层密封胶带（如接头盒带有密封圈，则无须另绕密封胶带），如图 3.16(a)、(b)、(c) 所示。

(5) 将加强芯固定在接头盒的加强芯固定座上，留长距螺钉中心 1.5～2.0cm，并旋紧压缆卡，以固定光缆，接头盒中支架板压缆卡平齐. 如图 3.17 所示。

(6) 使用扎带按松套管序号固定在集纤盘上，如图 3.18 所示。为了保护光纤，每根光纤松套管都可穿入塑料保护套管，并编号。为了盘留余纤方便，可将去除了松套管的光纤在集纤盘中预先盘留，然后折断多余光纤。

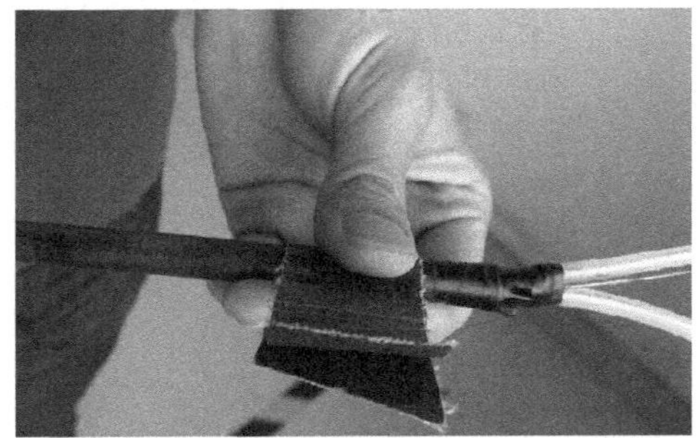

(a) 砂皮打毛

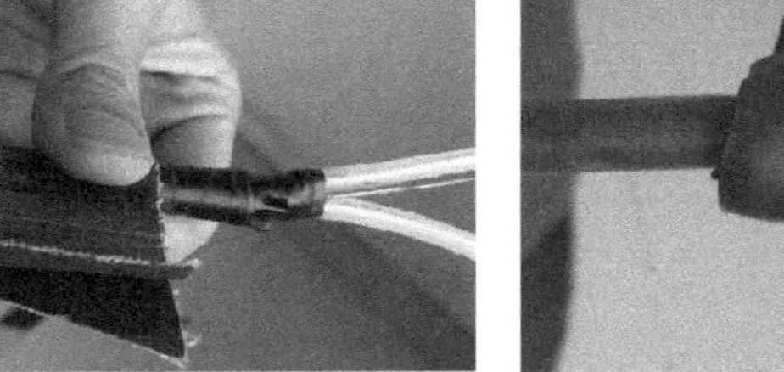

(b) 绕包自粘密封胶带

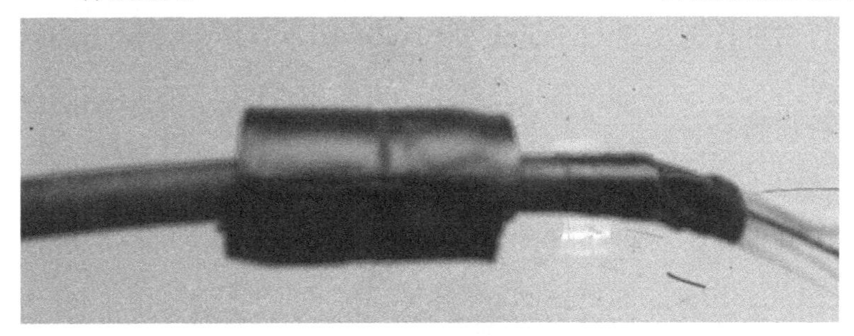

(c) 缠绕密封胶带

图 3.16　光缆绕包胶带

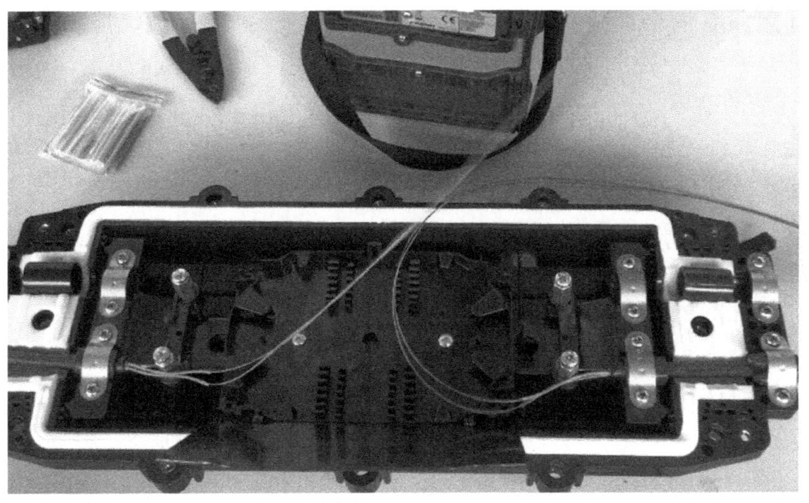

图 3.17　固定加强芯

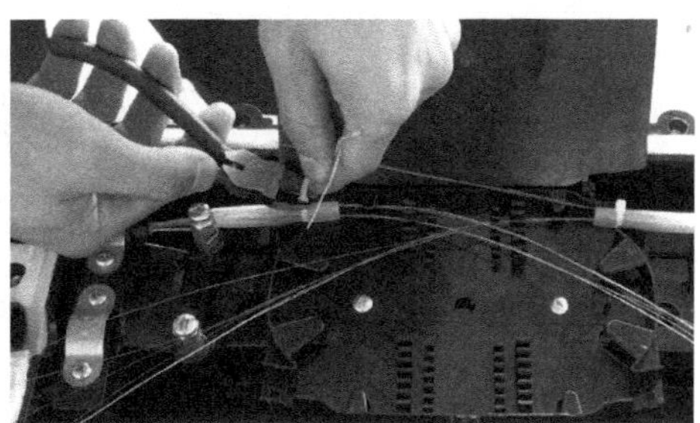

图 3.18　保护套管

3. 光纤熔接

(1) 光缆端别与纤序的识别。

(2) 每次熔接前的设备、工具清洁工作。

(3) 放电校正。

(4) 选择“熔接模式”。

(5) 选择加热模式。

(6) 制备光纤端面：

ϕ0.25mm 光纤切割长度为 8～17mm；

ϕ0.9mm 光纤切割长度为 14～17mm。

(7) 熔接光纤。

(8) 热缩套管加热。

4. 盘纤

光缆接头必须有一定长度的光纤，一般完成光纤连接后的余留长度（光缆开剥处到接头间的长度）为 60～100cm。

(1) 光纤余长的作用。光纤由接头护套内引出到熔接机或机械连接的工作台，需要一定的长度，一般最短长度为 60cm。

① 连接的需要。在施工中可能发生光纤接头的重新连接；维护中当发生故障拆开光缆接头护套，利用原有的余纤进行重新接续，以便在较短的时间内，排除故障，保证通信畅通。

② 传输性能的需要。光纤在接头内盘留，对弯曲半径、放置位置都有严格的要求，过小的曲率半径和光纤受挤压，都将产生附加损耗。因此，必须保证光纤有一定的长度，才能按规定要求妥善地放置于光纤余留盘内。当遇到压力时，由于余纤具有缓冲作用，避免了光纤损耗增加或长期受力产生疲劳，以及可能受外力产生损伤。

(2) 光纤余留长度的收容方式。无论何种方式的光缆接续护套、接头盒，一个共同的特点是具有光纤余留长度的收容位置，如盘纤盒、余纤板、收容仓等，根据不同结构的护套设计不同的盘纤方式。虽然光纤收容方式较多，但一般可归纳为图 3.19 所示的几种光纤余长的收容方式。它们具有共同的特点，就是符合光纤曲率半径的要求。

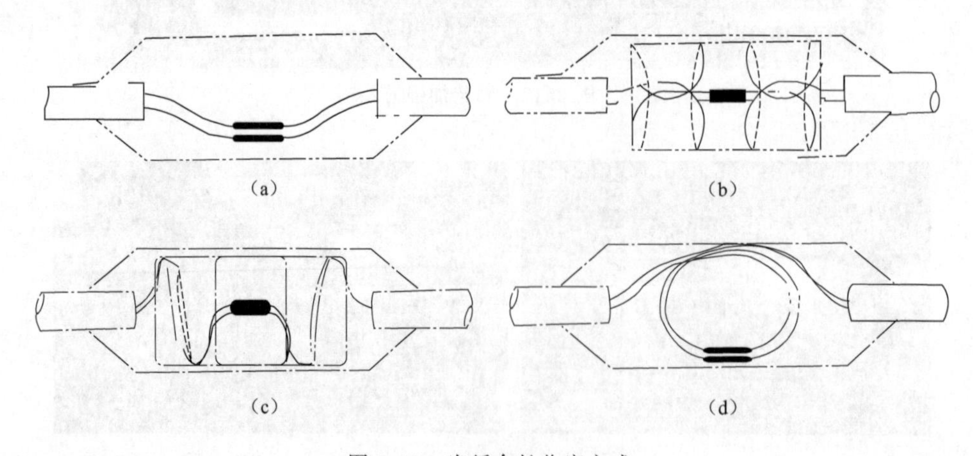

图 3.19 光纤余长收容方式

① 近似直接法。如图 3.19(a) 所示是在接头护套内不作盘留的近似直接法。显然这种方式不适合于室外光缆间的余留放置要求。

采用这种方式的场合较少，一般是在无振动、无温度变化的位置；应用在室内不再进行重新连接的场所。目前，一般不采用这种方法，但在下列情况可能出现：维护中光纤重新连接最后已无太多的余留长度情况下；室内或无人站内接头，由于接头盒内位置紧张或光纤至其他机架长度紧张时，在做出接头后光纤余长抽出放于其他位置，在维护检修时拆开护套再拉回余纤进行重新连接。

② 绕筒式收容法。如图 3.19(b) 所示，是光纤余留长度沿绕纤骨架放置的。将光纤分组盘绕，接头安排在绕纤骨架的四周。光纤盘绕有的与光缆轴线平行盘绕，也有的是垂直盘绕，这决定于护套结构、绕纤骨架的位置、空间。这种方式比较适合紧套光纤使用。

③ 存储袋筒形卷绕法。如图 3.19(c) 所示，是采用一只塑料薄膜存储袋，光纤盛入袋后沿绕纤筒垂直方向盘绕，并用透明胶纸固定；然后按同样方法盘留其他光纤。这种方式，彼此不交叉，不混纤，查找处理十分方便。

存储袋收容方式比较适合紧套光纤。图 3.20 是这种方式的应用实例。

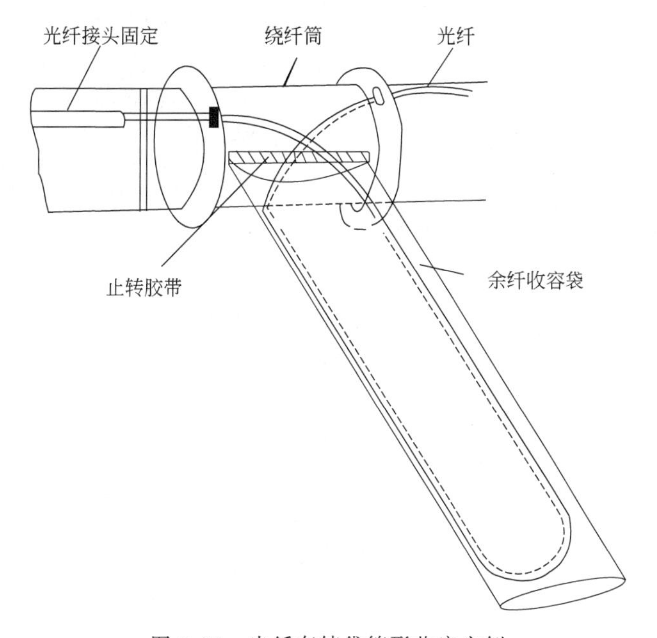

图 3.20　光纤存储袋筒形收容实例

④ 平板式盘绕法。如图 3.19(d) 所示，是使用最为广泛的收容方式，也是我们本项实训采用的方法。盘纤盒、余纤板、集纤盘等多数属于这一方法。在收容平面上以最大的弯曲半径，采用单一圆圈或“∞”字双圈盘绕方法。下面以“∞”字盘绕方法为例介绍平板式盘绕法的操作顺序。

a. 固定热缩管。分别将热缩管固定在集纤盘同侧热缩管固定槽中，要求整齐且每个热缩管中的加强芯均朝上，如图 3.21 所示。

b. 盘留收容余纤。按图 3.22(a)、(b)、(c)、(d) 所示方法，将余纤绕成圈后用胶带固定在集纤盘中，然后依次将其余几处的余纤固定在集纤盘中。

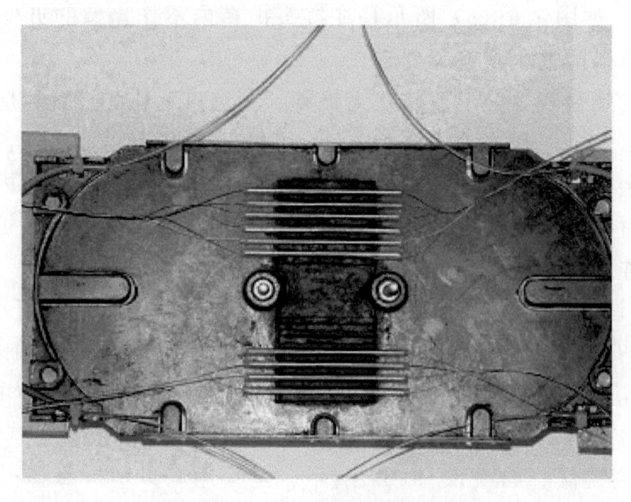

图 3.21　固定热缩管

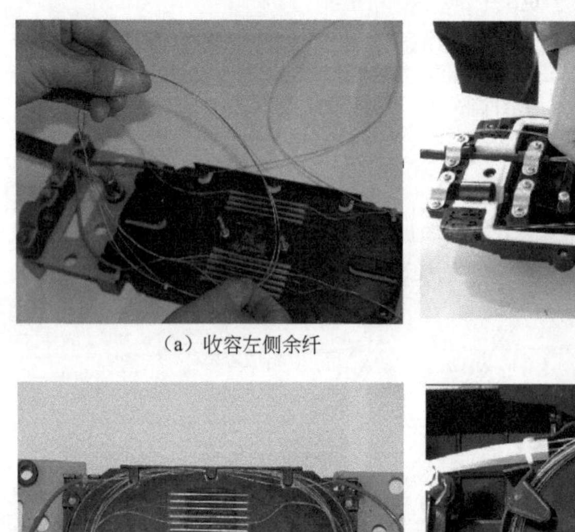

（a）收容左侧余纤

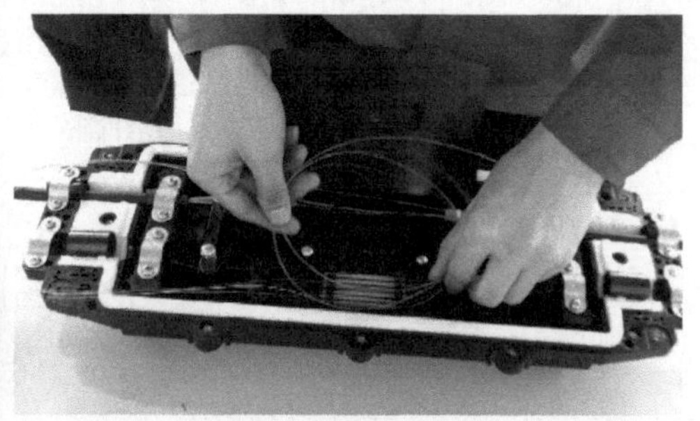

（b）收容右侧余纤

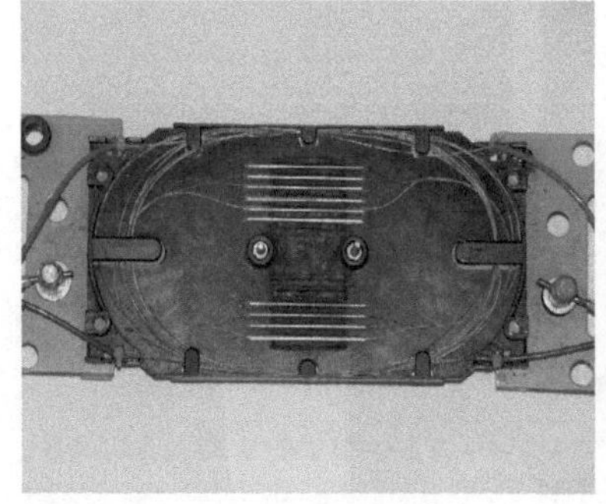

（c）双侧进线

（d）单侧进线

图 3.22　盘留光纤余长

平板式盘绕法是最常用的余纤收容方法，这种方法对松套、紧套光纤均适合，盘绕较方便，但对于在同一板上余留多根光纤时，容易混乱，查找某一根光纤或重新连接时，操作较麻烦和容易折断光纤。解决的方法是，采用单元式立体分置方式，即根据光缆中光纤数量，设计多块盘纤板，采取层叠式放置。

5. 密封接头盒

如果光纤接头盒本身不带有密封圈，则在合上光缆接头盒前，应在接头盒接合处垫上密封胶带，然后对角组拧紧接头盒的螺钉。

【实训质量要求及评分标准】

光缆接续实训质量要求及评分标准见表3.1。

表3.1　光缆接续实训质量要求及评分标准

分值	考核内容	质量要求	评分标准
3分	机具及材料准备	1. 携带必要的光缆接续专用工具、器材，经裁判许可，可用自制工具参加竞赛 2. 检查光缆型号为GYTA-12B1，接头盒型号是否相符合	1. 操作过程中需要从场外取工具的扣1分/次 2. 检查以口头报告为准，不报告扣2分
7分	光缆开剥	1. 光缆接头两端各开剥长度为(120±3)cm 2. 切口平整无毛刺 3. 开剥时不许损伤松套管及光纤 4. 清洁剂或酒精擦干净光纤，清洁后光纤不得落地	1. 开剥长度差超过(120±3)cm扣1分/端，超过5cm扣3分/端 2. 切口有毛刺、不平整扣1分/端 3. 开剥损伤松套管扣2分/端，重新开剥扣5分/次 4. 不用清洁剂或酒精擦干净光纤，光纤粘手，扣1分/端，落地扣1分/端
10分	光缆固定	1. 加强芯固定牢固，留适当长度(固定螺钉中心1～1.5cm) 2. 填充绳留长距光缆护套切口小于1cm 3. 光缆外护层至切口8～10cm处细砂纸打毛 4. 用钢箍固定缆皮及加强芯支架，缆皮切口应与钢箍内侧相距0.6～1.0cm 5. 松套管用塑料软管保护，塑料软管与松套管在盒内留长合适，固定规范；标明松套管管序，开剥松套管方法和使用工具正确，不伤及光纤，只用一个收容盘 6. 用清洁剂或酒精纸(棉球)擦去裸纤上的油膏，光纤自由弯曲，无明显受力点 7. 使用工具不规范	1. 加强芯无固定或松动扣5分，加强芯留长(固定螺钉中心1～1.5cm)不在该范围，一端扣2分 2. 填充绳留长距光缆护套切口大于1cm，一端扣2分 3. 光缆外护层至切口未打毛8～10cm，一端扣2分 4. 没有使用钢箍固定光缆、固定不牢，或缆皮切口突出位置不对，一端扣2分 5. 松套管未编号，一管扣2分，松套管在盒内留长不合适每处扣1分 6. 塑料软管留长(6.5±0.5)cm，松套管留长(5.5±0.5)cm 7. 固定塑料软管的扎带距软管口小于1cm，每处扣1分 8. 不用清洁剂或酒精擦干净光纤(2次以上)，光纤粘手，一端扣2分 9. 使用工具不规范扣2分
25分	光缆熔接	1. 开机，调试确认熔接模式，放电校准 2. 光纤套上热缩套管 3. 剥除光纤上的涂覆层并清洁光纤 4. 正确使用切割刀制作光纤端面，光纤切割长度1.6cm 5. 光纤接头处无凹凸，无气泡，无偏轴，无瓜子形等 6. 正确放置光纤和正确操作熔接机 7. 熔接效果(以熔接机估值为参考)，损耗<0.08dB 8. 热缩套管热缩时间充足，热缩每次一根，以声光提示为准，套管热缩后，管内无污迹、气泡，无喇叭口，光纤无扭曲，光纤接头顺直在热缩套管中间 9. 熔接中不得有错管、错纤等现象	1. 未放电校准的扣2分，光纤熔接模式设置不正确各扣1分 2. 不套热熔管或多根纤芯同时套在一根热熔管中，扣2分/纤 3. 操作过程中切割刀滑落扣5分/次 4. 光纤接头有凹凸、气泡、偏轴1分/纤 5. 操作过程中熔接机滑落扣10分/次 6. 断纤扣5分/纤(未热缩前允许重新接续)；光纤接头长度(3.2±0.1)cm，否则扣1分；光纤接头不在热缩套管中间，偏差3mm扣1分/纤；裸纤在钢棒之外扣5分/纤；损耗大于0.08dB扣1分/纤(允许重新熔接) 7. 热缩套管热熔时间不充足每纤扣1分，多次热缩扣1分/纤，热缩套管内有污迹、气泡、喇叭口的，光纤在套管内扭转，扣1分/纤 8. 接续有错纤扣2分/纤，每管扣10分/管

续表

分值	考核内容	质量要求	评分标准
10分	盘纤	1. 热缩管按纤序依次由内至外固定在专用凹槽中；热熔管左右端面在卡槽内；可用不超两道胶带固定热缩管 2. 盘纤最小半径应大于3cm，并且自由地盘好 3. 纤芯不能占用热缩管卡槽，光纤盘好后应平顺，无明显受力点和碰伤隐患 4. 盘纤过程中，不得断纤	1. 未按纤序排列扣1分/纤；热熔管未固定在凹槽内扣1分/纤；热熔管左右端面在卡槽内扣1分/纤；超两道胶带固定热缩管扣1分 2. 盘纤时光纤半径小于3cm扣1分/纤 3. 纤芯占用热缩管卡槽扣1分/纤，盘纤后光纤不平顺，有明显受力点，光纤翘起扣2分/处 4. 盘纤过程中断纤，每纤扣10分/纤，光纤长度不得小于60cm，小于60cm，扣2分/纤（该项分扣完止）
5分	接头盒封合	1. 封合前对接头盒内部要进行清洁 2. 密封胶圈安装，扣上上盖，螺钉装紧密牢固（含垫片），先对角拧紧螺钉，再拧紧其余螺钉 3. 封合后接头盒应密封	1. 未对接头盒内部进行清洁扣2分 2. 密封胶圈安装不到位扣2分，堵头未安装扣1分/处，未按对角拧紧扣1分 3. 螺钉垫片未装扣0.5分/粒
20分	整体要求	1. 操作规范，工艺美观，质量符合标准 2. 规范使用切割刀、熔接机 3. 做到安全生产及文明施工，做到人走场清 4. 选手报告准备完成，开始计时；选手报告完成，计时结束	1. 操作不规范，工艺不美观，质量不符合标准，体现在各单项中扣分，各单项质量分数扣完为止 2. 操作不当损坏仪表机具扣10分 3. 操作过程中伤及自己及他人，该分项扣5分；垃圾落地扣2分/次，操作结束后现场未整理扣6分，整理不到位扣3分 4. 时间40min，提前1min加2分，最多加10分（加分以完成所有工序且得分54分及以上为前提，否则不加分）；超过时限1min扣2分，超时10min结束考试

【实训小结】

由于光纤容易折断，所以光缆接续是一项要求十分细心的实训项目。在训练中不光对光缆接续操作方法、步骤应勤加练习，还应当有意识地锻炼耐心操作的心态。

虽然用于光纤接续的熔接机越来越先进，操作越来越方便，但熟悉熔接机的正确参数设置、维护也是十分重要的，否则参数设置错误、不正确的维护方法容易导致无法熔接，或接续质量不高。

【思考题】

（1）为了正确进行光纤熔接，熔接机应如何进行必要的参数设置？

（2）单芯与多芯熔接有哪些异同点？

（3）如何维护光纤熔接机？

（4）哪些情况下需对光纤重新进行熔接？

（5）盘留余纤时应注意什么？

实训任务三　光缆交接箱成端安装

光缆交接箱成端安装是通信光缆工程的主要工作。本节主要是对光缆交接箱成端安装项目进行实训。

【任务描述】

光缆交接箱处于光网络的中间位置，具有光纤的调度、分配等作用。本实训项目就是把主干光缆与配线光缆在光缆交接箱进行终接。

【实训目的】

① 掌握光缆交接箱在光网络中的作用、地位、结构。

② 掌握光缆交接箱成端光缆安装。

【知识准备】

1. 光缆线路配线法

① 星树形递减直接配线法。

② 星树形无递减交接配线法。

③ 环形无递减交接配线法。

2. 光缆交接箱基本功能

光缆交接箱的基本功能如图 3.23 所示。光缆交接箱是用于光纤网络中主干光缆与配线光缆节点处的接口设备，用于实现干线光缆与配线光缆在节点处的余留、直通及光纤的分配和调度。光纤分配节点处，干线光缆部分光纤终接后用于分配，其余则直通至下一节点。配线光缆需用光纤终接后，在配线区用跳纤与干线光缆预留光纤跳接，实现干线光缆的分配。光缆交接箱光纤逻辑图如图 3.24 所示。

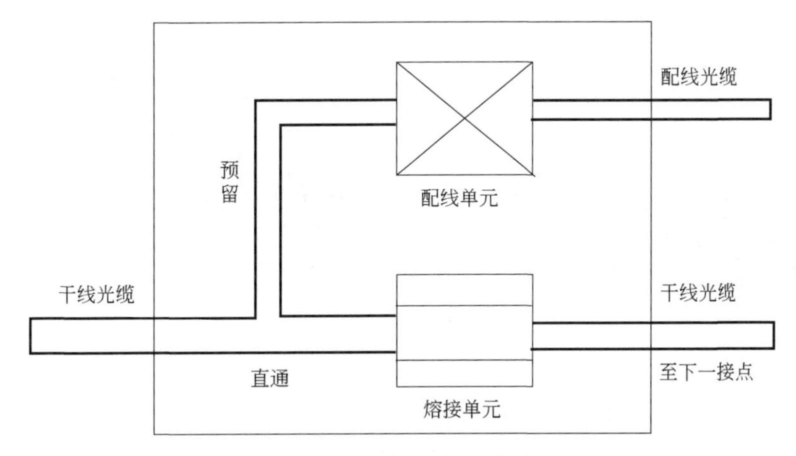

图 3.23　光缆交接箱基本功能

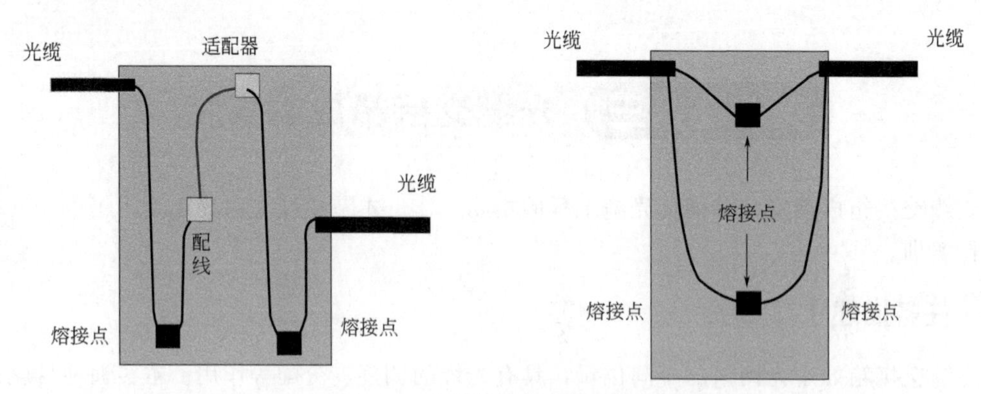

图 3.24　光缆交接箱光纤逻辑图

【实训器材】

1. 实训材料

光缆、酒精及清洁棉球、热可缩套管、塑料保护套管、尾纤、适配器。

2. 实训工具设备

光缆护层开剥刀、卡钳、卷尺、扳手、螺钉旋具、束管钳、涂覆层剥离钳、光纤端面切割刀、光纤熔接机、光缆交接箱。

【任务实施】

光缆交接箱如图 3.25 所示，操作步骤如下。

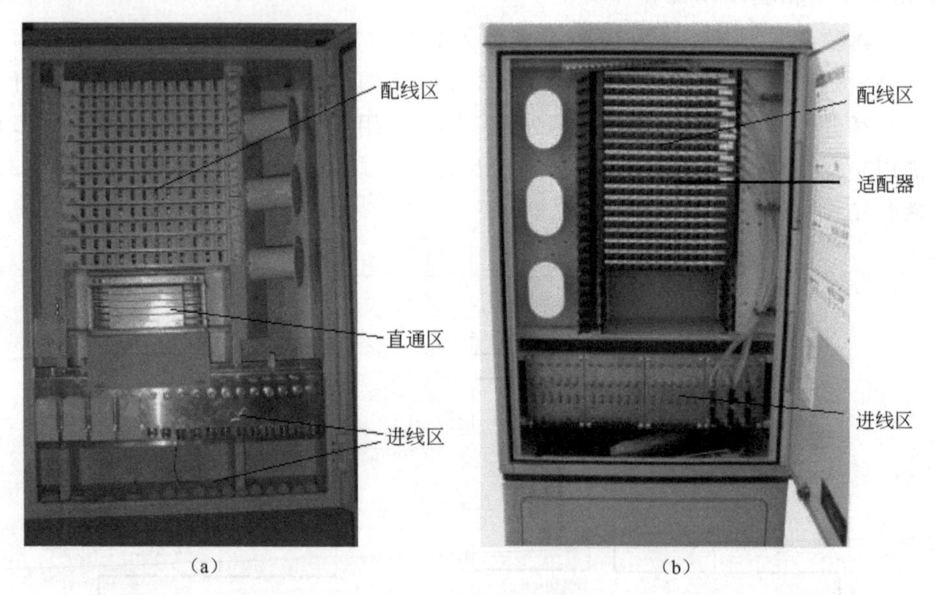

图 3.25　光缆交接箱

(1) 将光缆从箱体的下方光缆入口引入箱体。

(2) 开剥光缆，开剥长度为开剥处到所端接集纤盘长度加集纤盘内光纤余留长度，加强芯预留 4～5cm。

（3）用束管钳去除光缆松套管（应余留 3～5cm 松套管），将光纤清理干净，套上塑料保护套管，保护软管长度为光缆固定处外护套切口至光缆交接箱相对应成端盘入口处的路径长度，加上成端盘内软管固定所需长度的和。

从进缆孔到配线区集纤盘的长度（根据实际路由确定管长），套上塑料保护套管，如图 3.26 所示。

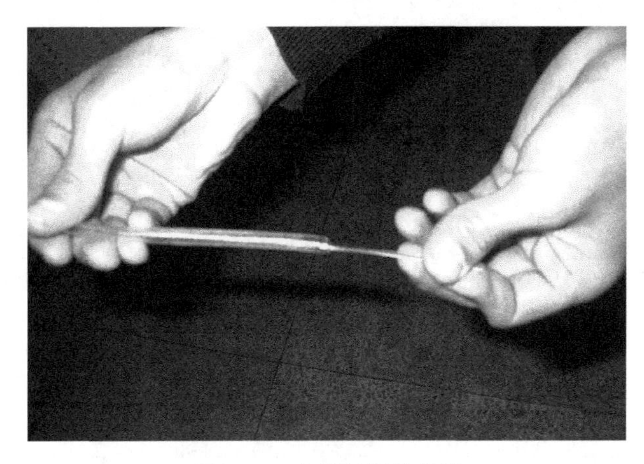

图 3.26　套塑料保护套管

（4）保护管与光缆开剥接口处用绝缘胶带缠紧（加强芯一并缠入），如图 3.27 所示。

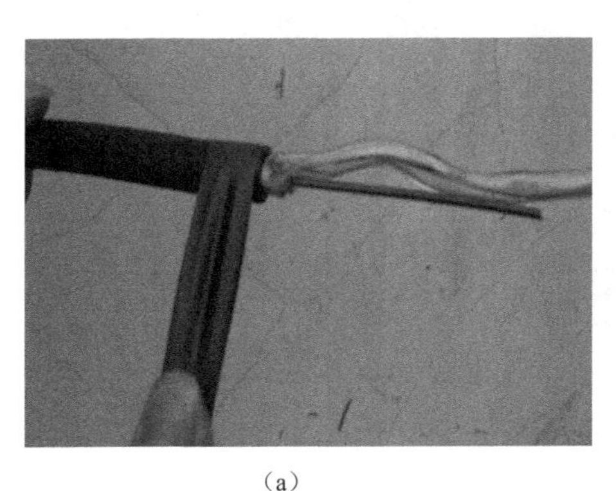

（a）

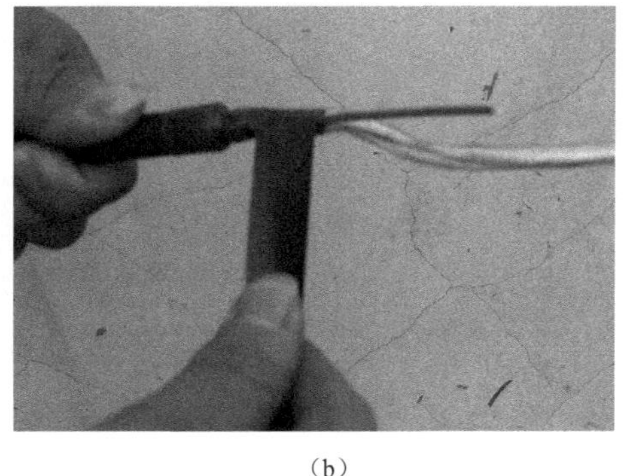

（b）

图 3.27　缠扎胶带

（5）将光缆加强芯穿入分支架内固定柱中并用螺母紧固，如图 3.28 所示。

（6）将套上保护套管的光纤通过卡环引入到集纤盘，并用扎带固定在集纤盘上，如图 3.29所示。

（7）安装适配器、尾纤，如图 3.30 所示。适配器按从左到右排列。

（8）熔接尾纤与配线光缆或主干光缆光纤。

（9）把光纤熔接接头固定在集纤盘热缩管固定槽中，并盘留光缆余纤和尾纤，用胶带把光纤固定在集纤盘中，可防止光纤散乱。如图 3.31 所示。

（10）盖好集纤盘盖板，把集纤盘推入导轨，同时把套入保护套管的光纤按预定光纤走线方向布放在箱内。如图 3.32 所示。

(a)

(b)

图 3.28 固定加强芯

图 3.29 固定保护管

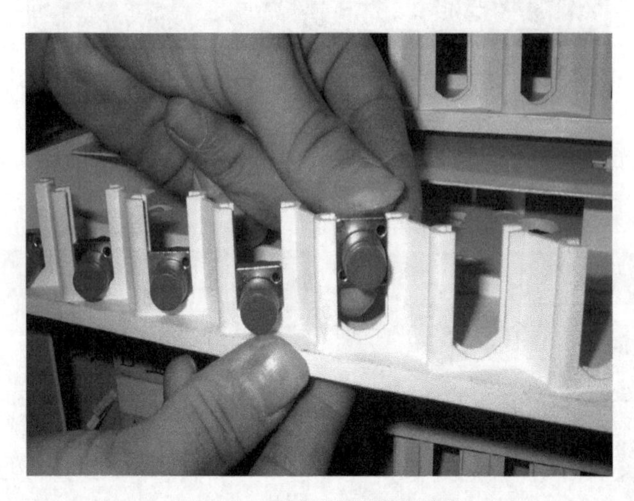

图 3.30 安装适配器及尾纤

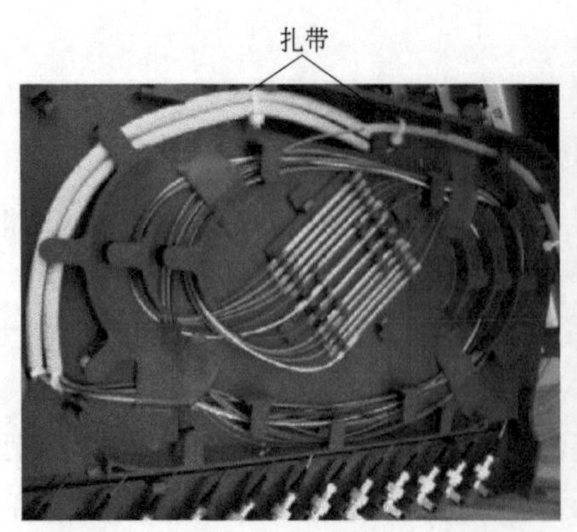

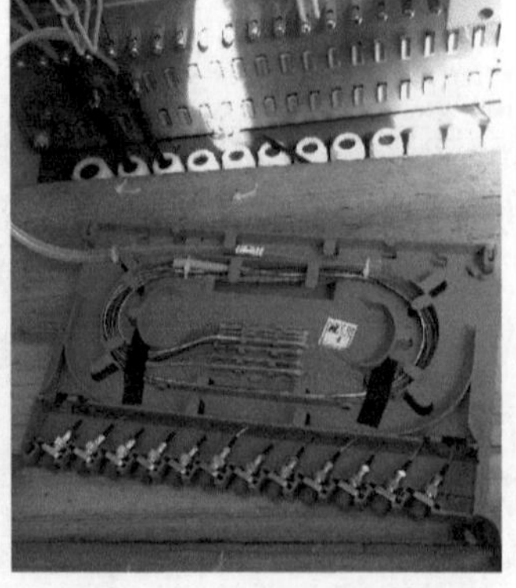

图 3.31 盘留光纤与尾纤余长

图 3.32 交接箱内光纤布放

各个厂家生产的交接箱结构有所不同，但光缆安装大同小异。光缆交接箱中直通区的光缆熔接与接头盒中光纤熔接相当。在交接箱中布放套有保护套管的光纤时，应防止折断光纤。

光纤束难以穿入塑料保护套管时，应尽可能将保护套管拉直，减小套管对光纤的阻力，也可将光纤用黏性较好的胶带粘于小钢丝上，借小钢丝的拉力将光纤穿入套管。

光缆交接箱内的纤芯类型有4种：非本光缆交接箱使用的纤芯——直通光纤；光缆开剥点到熔接盘的光缆纤芯；熔接盘到适配器的尾纤，以及连接主干层光缆和配线层光缆的跳纤。纤芯数量众多，所以合理安排这4类纤芯在光缆交接箱的走向、盘留、固定、保护及标识，对光缆施工、维护、更换都是很重要的。

【实训质量要求】

光缆交接箱的光缆成端制作完成后，套有保护套管的光纤布放应合理，光纤的弯曲半径应符合要求，不因弯曲半径过小而使损耗增大或折断光纤；加强芯固定应牢固，防止因光缆移动而损伤光纤；集纤盘内光纤、尾纤余长盘留应整齐；适配器安装应统一。

【实训小结】

光缆交接箱光缆成端制作相比光缆接续稍为繁琐，成端尾纤剥除紧套管时容易剥断光纤，穿放保护软管也相对耗时，光缆成端制作时要求工艺美观，走线整齐，松紧适宜，因此做这项工作需要有一定的技能基础才会得心应手。

【思考题】

（1）光缆线路配线方法有哪些？各有什么特点？

（2）如何选择交接箱的容量？

（3）交接箱内有哪几类用途的光纤？

实训任务四　光缆ODF架成端安装

光缆ODF架成端安装是通信光缆工程的主要工作。本节主要是对光缆ODF架成端安装项目进行实训。

【任务描述】

ODF架处于光通信网络的局侧，连接局内设备与进局光缆，具有光纤的调度、分配等作用。本实训项目就是把进局光缆终接在ODF架单元盒内。

【实训目的】

① 熟悉ODF架的基本功能、结构。

② 掌握 ODF 架成端光缆安装。

【知识准备】

1. ODF 架终端方式基本功能

光缆局内成端方法有直接终端方式、终端盒成端方式、ODF 架终端方式等几种方式。前两种主要用于光缆、光纤数不多的情况。随着中继光缆及用户光缆的使用量越来越大，进局的光缆也越来越多，为了调纤方便，使机房布局更加合理，应采用 ODF 架终端方式。ODF 架用于光纤通信系统中局端主干光缆的成端和分配，可方便地实现光纤线路的连接、分配和调度，是光缆和光通信设备的配线连接设备。ODF 架作为进局光缆与局内光设备接口设备，是将进局光缆线路的光纤与带连接器的尾纤，在单元盒集纤盘内作固定连接，该尾纤另一端的连接器连接适配器，再通过跳纤连接至设备。ODF 架内的光纤逻辑如图 3.33 所示。

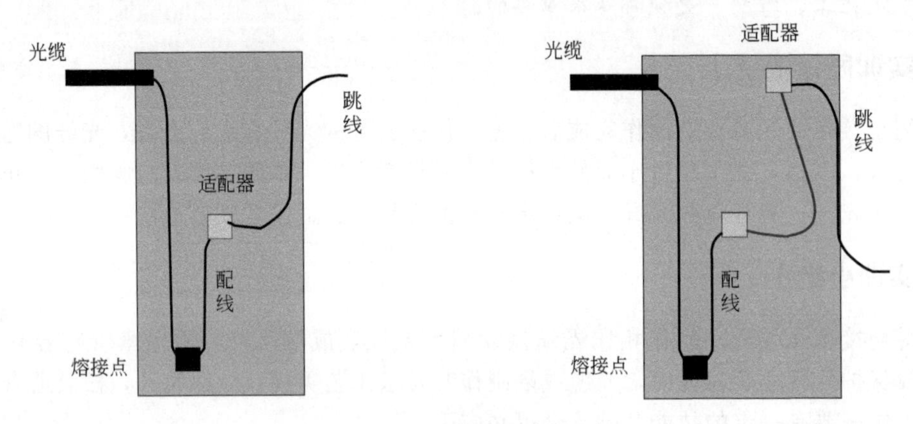

图 3.33　ODF 架内的光纤逻辑

2. ODF 架的结构

ODF 架结构及外形如图 3.34 所示。它的内部空间由光缆固定夹、单元盒、绕线盘组成。

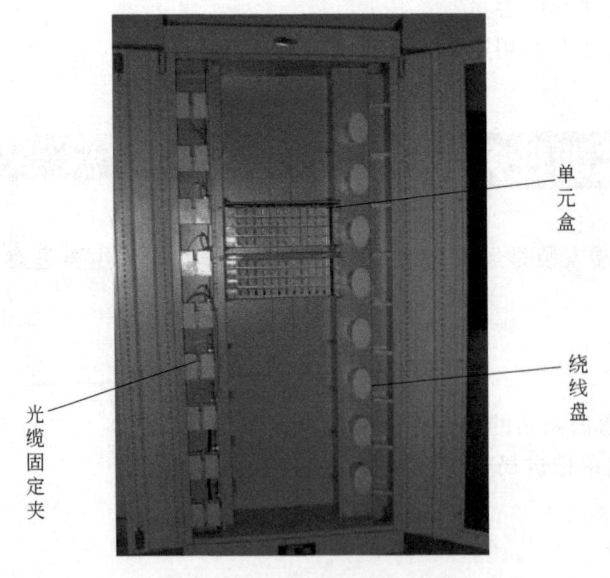

图 3.34　ODF 架结构及外形

【实训器材】

1. 实训材料

光缆、酒精及清洁棉球、热可缩套管、塑料保护套管、尾纤、适配器。

2. 实训工具设备

光缆护层开剥刀、卡钳、卷尺、扳手、螺钉旋具、束管钳、涂覆层剥离钳、光纤端面切割刀、光纤熔接机、ODF 架。

【任务实施】

ODF 架成端光缆安装与交接箱成端光缆安装基本相同，操作步骤如下。

(1) 将光缆从进缆口引入 QDF 架内。

(2) 开剥光缆，开剥长度为开剥处到集纤盘长度加集纤盘内光纤余留长度。

(3) 去除松套管，套上塑料保护套管，并用胶带连同加强芯一起进行包扎。

(4) 用压缆卡把光缆固定在支架夹板上，并使加强芯穿过固定柱，将螺钉拧紧，如图 3.35所示。

(5) 取下集纤盘，并把光纤固定在集纤盘上。

(6) 进行常规光纤熔接。

(7) 布放好多余的光缆光纤和尾纤后，把适配器嵌入集纤盘上的固定槽内，也可以先将适配器嵌好后，再把多余的光缆光纤和尾纤布放好。

(8) 盖好集纤盘盖板，把集纤盘推入导轨，同时把套入保护套管的光纤按预定光纤走线方向布放在 ODF 架内。

图 3.35　固定 ODF 架光缆

【实训质量要求】

ODF 架光缆成端制作完成后，套有保护套管的光纤布放应合理，光纤的弯曲半径应符合要求，不因弯曲半径过小而使损耗增大或折断光纤；加强芯固定应牢固，防止因光缆移动而损伤光纤；集纤盘内光纤、尾纤余长盘留应整齐；适配器安装应统一。

【实训小结】

ODF架成端制作与交接箱成端制作基本相同，但应注意ODF架与光缆交接在光通信网络中的地位与功能上的不同。

【思考题】

简述ODF架的作用及功能。

实训任务五 光缆分纤箱成端安装

光缆分纤箱成端安装是通信光缆工程的主要工作。本节主要是对光缆分纤箱成端安装项目进行实训。

【任务描述】

光缆分纤箱一般处于光通信网络末端，连接用户设备与配线光缆，主要作用是对光纤进行分配，也可以对光纤进行调度。本实训项目的任务就是光缆在分纤箱内成端终接。

【实训目的】

① 掌握光缆配线箱在光通信网络中的作用、结构。
② 掌握光缆配线箱进箱光缆安装。

【知识准备】

1. 光缆分纤箱及其功能

光缆分纤箱是用于室外、楼道内或室内连接主干光缆与配线光缆的接口设备。根据安装方式分为室外墙壁安装分纤箱、室内墙壁暗装分纤箱及杆上安装分纤箱，根据容量可分为12芯、24芯、48芯、72芯、96芯等。它可以方便完成光缆的接续和分配功能，并能满足光分路器的安放而实现分光功能。光缆分线箱是FTTH系统中用户终端的配线分线设备，可以实现光的熔接、分配、直通、余留以及调度等功能，可灵活配置1∶64、1∶32、1∶16、1∶8或1∶4等光分路器，安装方便。光缆分纤箱还适用于其他光纤接入网、HFC网、LAN网的光缆端接和配线。

2. 光缆分纤箱的结构

光纤分纤箱由箱体、内部结构件（光缆固定件、盘纤板、皮线光缆停车位等）、光纤活动连接器、光分路器（可选）及备（附）件组成。普通光缆分纤箱的结构如图3.36所示；三网融合光缆分纤箱的结构如图3.37所示。

图 3.36　普通光缆分纤箱的结构

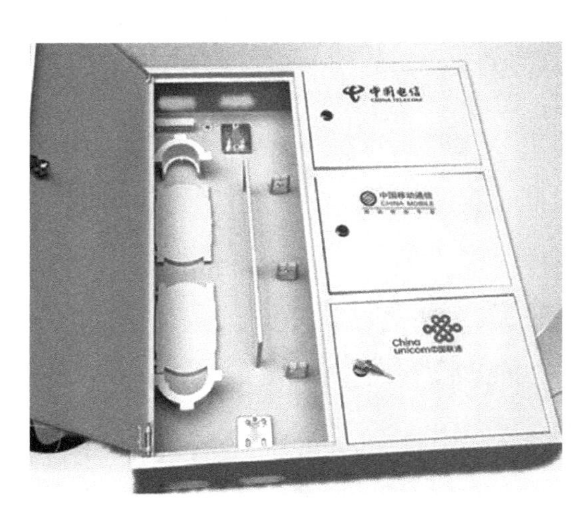

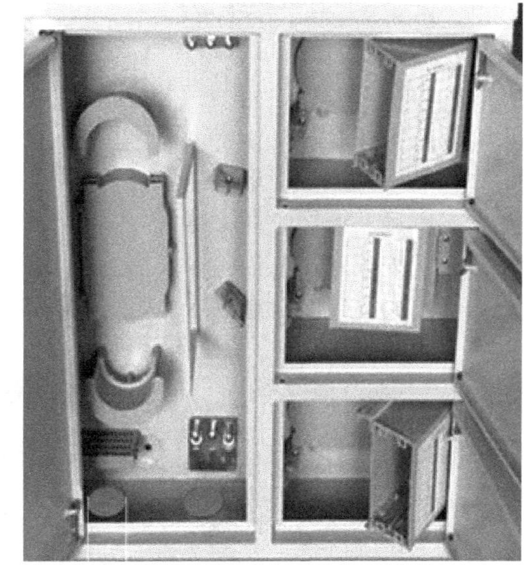

图 3.37　三网融合光缆分纤箱的结构

【实训器材】

1. 实训材料

光缆、酒精及清洁棉球、热可缩套管、塑料保护套管、尾纤、适配器。

2. 实训工具设备

光缆护层开剥刀、卡钳、卷尺、扳手、螺钉旋具、束管钳、涂覆层剥离钳、光纤端面切割刀、光纤熔接机、配线箱。

【任务实施】

光缆分纤箱安装如图 3.38 所示。光缆分纤箱进箱安装与交接箱安装类似，操作步骤如下。

图 3.38 光缆分纤箱安装

（1）开剥固定：将光缆从进缆口引入箱体。

① 开剥长度 1.2m，开剥时严禁用脚踩踏光缆；

② 切口平整无毛刺；

③ 开剥时不许损伤松套管及光纤；

④ 用清洁剂或酒精擦干净光纤；

⑤ 光缆固定点与缆皮切口需缠绕自粘胶带，胶带缠扎紧密；

⑥ 加强芯固定稳妥、牢固，紧固件无松动，加强芯留长适当并做回弯（固定螺钉中心1～1.5cm）；

⑦ 松套管留长 5cm±1cm，填充绳留长距光缆护套切口小于 0.5cm；

⑧ 用清洁剂或酒精纸（棉球）擦去裸纤上的油膏不少于两遍，不得断纤；

⑨ 每个束管均需分别套上塑料保护软管至收容盘，缠扎处软管不松动；

⑩ 光缆固定牢固规范，光缆切口距卡箍 0.6～1cm。

（2）进行常规光纤熔接。

（3）盘纤并盖好集纤盘盖板。

（4）把配线箱平稳地挂在墙壁上。

分纤箱内光纤布放完成后如图 3.39 所示。

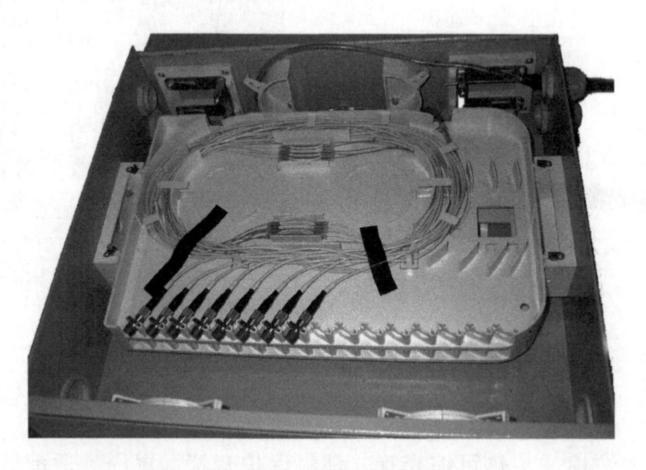

图 3.39 分纤箱内光纤布放完成

【实训质量要求】

光缆配纤箱成端制作完成后，套有保护套管的光纤布放应合理，光纤的弯曲半径应符合要求，不因弯曲半径过小而使损耗增大或折断光纤；加强芯固定应牢固，防止因光缆移动而损伤光纤；集纤盘内光纤、尾纤余长盘留应整齐，适配器安装应统一。

【实训小结】

光缆配线箱成端制作与交接箱成端制作基本相同，但应注意光缆配纤箱与光缆交接箱在光通信网络中地位和功能上的不同。

【思考题】

简述光缆配纤箱的作用及功能。

第四章

光通信线路维护实训

本章内容主要讲述的是光通信线路维护相关的实训项目。实训任务包括架空杆路与管道安全巡查与标牌安装、光缆的割接等。

知识目标	能力目标
◆认识过路警示牌、电杆警示牌、光缆挂牌、人(手)井号牌、直埋警示牌的样式与书写内容 ◆了解光缆线路割接相关概念、各部门工作职责 ◆熟悉光缆割接不中断业务的三种解决方案 ◆熟悉光缆带业务割接的机线配合流程 ◆熟悉带业务割接机线操作步骤(采用同缆调度)	◆能规范正确地设置光缆标牌 ◆能进行12芯光缆接续 ◆能根据割接方案实施光缆带业务割接

实训任务一 架空杆路、管道安全巡查与标牌安装

管道光缆的敷设是通信线路工程施工的主要工作。本节是对管道光缆的敷设进行实训。

【任务描述】

现场模拟检查1～2条架空或管道光缆线路中继段，现场分别预设安全保护与光缆标牌方面2个故障点，找出问题。

【实训目的】

① 能在现场正确设置安全保护设施，能识别安全保护故障。
② 能按规范正确地设置光缆标牌。

【知识准备】

1. 过路警示牌

过路警示牌规格为60cm(长)×25cm(宽)；版面有运营商标志、联系电话及运营商名称等。跨路警示牌悬挂在道路中央上方的吊线上，如图4.1所示。

2. 电杆警示牌

电杆警示牌由铁皮外镀搪瓷制作而成，规格为20cm(宽)×50cm(高)，如图4.2所

示。版面有运营商标志、联系电话及运营商名称等字样，分别印有“严禁向光缆线路射击”“严禁在光缆线路下建房搭棚”“通信线路　国家法律保护”等，警示牌挂在杆号上方 50cm 处。

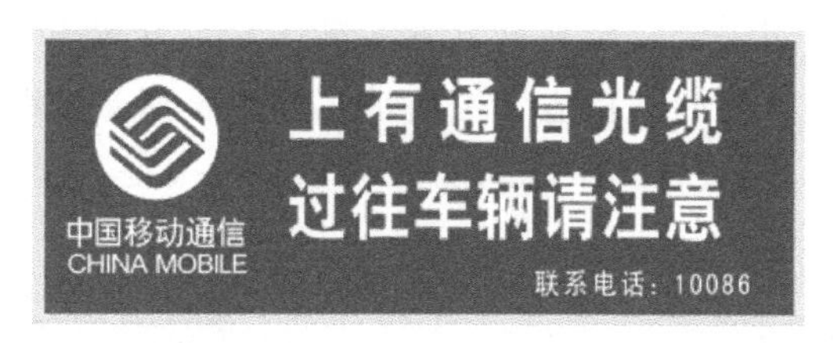

图 4.1　过路警示牌

3. 架空光缆挂牌

架空光缆挂牌主要绑扎在光缆上，白底黑字，规格为 8cm(长)×4cm(宽)，材料建议采用铝材。架空光缆挂牌上应有运营商标志，主要填写施工时间、光缆中继段、光缆型号、芯数、联系电话等。如图 4.3 所示。

图 4.2　电杆警示牌

图 4.3　架空光缆挂牌

除转角、终端、接头、余线杆等特殊杆需悬挂光缆挂牌外，其他直线杆每 5 根杆也需悬挂一块光缆挂牌。

4. 人（手）井号牌

井号牌采用铝材，规格为 20cm(长)×8cm(宽)；标识牌应有运营商名称，还包括道路名、井编号、联系电话等内容。如图 4.4 所示。

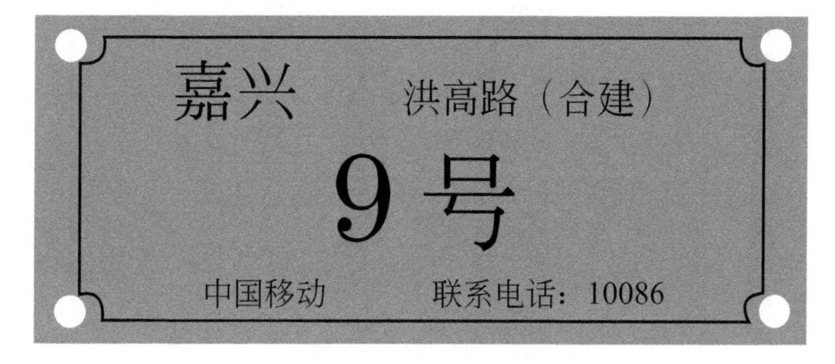

图 4.4　人（手）井号牌

编号要求：南北方向的管道从北端开始，东西方向的管道从东端开始编号，井号牌安装在井圈以下 20cm 处。

5. 管道光缆挂牌

管道光缆挂牌采用塑料卡片，主要绑扎在光缆上，白底黑字，规格为 8cm（长）×4cm（宽），管道光缆挂牌上应有运营商标志，主要填写施工日期、光缆中继段、光缆型号、芯数、联系电话等。每个人（手）孔中的光缆、光缆接头分支处、光缆预留处均需悬挂光缆挂牌。如图 4.5 所示。

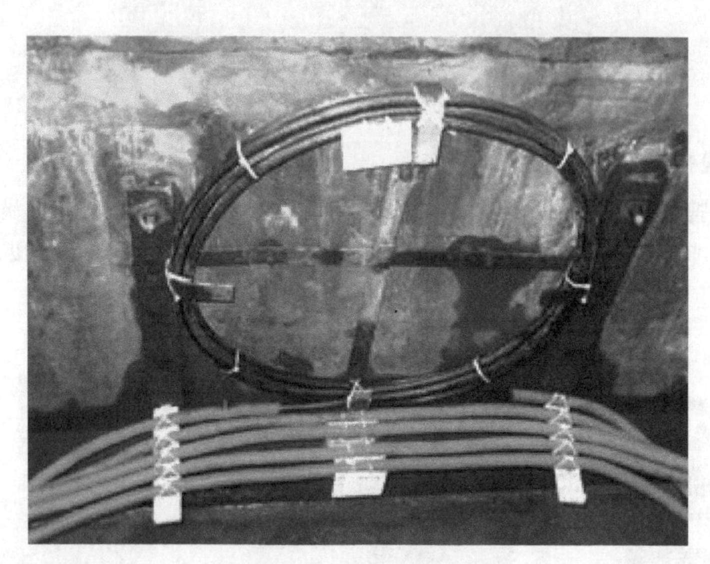

图 4.5　管道光缆挂牌

6. 直埋警示牌

直埋警示牌为双脚，用搪瓷材料制成，总高 2.36m，埋设在光缆线路正上方。如图 4.6 所示。

图 4.6　直埋警示牌

【实训器材】

①红旗、绿旗、红灯、串红旗或串彩旗；②围栏；③锥形路障；④警示灯或警告灯；⑤告示牌、警告牌；⑥过路警示牌；⑦电杆警示牌；⑧架空光缆挂牌；⑨人（手）井号牌；⑩直埋警示牌；⑪管道光缆挂牌。

【任务实施】

1. 光缆标牌安装

根据线路环境，正确设置安全标牌。

2. 安全巡查

现场模拟线路周围环境防障点，做好一系列预防保护措施，做巡查记录，要求巡查记录全面、准确，处理方法正确，结果符合要求，专题问题处理流程清楚。安全信号标志设置的位置要求如下：

（1）街道或公路转弯、拐角处，必须设立相应的安全信号标志。

（2）街道或公路十字路口及道路中央处，必须设立相应的安全信号标志。

（3）有碍行人或车辆通行处及需要车辆临时停止通行处，必须设立相应的安全信号标志。

（4）跨越街道、公路架线或布放电缆及吊线，需要行人和车辆暂时停止通行时必须设立相关的警示标志。

（5）在开挖和尚未施工完毕的杆坑、电缆沟、拉线洞或揭开盖的人孔等处，必须设立相应的安全信号标志。

【实训质量要求】

通过巡查线路，能在规定时间内识别架空或管道光缆线路存在的安全隐患，巡查记录要求全面、准确，处理方法正确；能在施工现场预设置安全标牌，正确设置光缆标牌。

【实训小结】

本实训项目是模拟线路环境而进行的预防保护措施，巡查范围相对较小且情况简单，要真正学会保护点或安全隐患点的识别，进行准确处理，还需要多多实践才能达到学习目标，同学们可以在将来的毕业实习中重点关注架空杆路、管道安全巡查与标牌安装工作，提升自己的业务能力。

【思考题】

架空杆路、管道安全巡查与标牌安装必须严格遵守哪些规范？

实训任务二　光缆带业务割接

光缆带业务割接是通信光缆维护的重要工作，技术难度大，完成时间要求高。本节主要是对光缆带业务割接项目进行实训。

【任务描述】

给定割接方案与图纸，采用纵剖光缆、纵剖束管方式进行 12 芯光缆带业务割接，时间按割接方案执行。

【实训目的】

① 了解光缆线路割接相关概念、各部门工作职责。
② 熟悉光缆割接不中断业务的三种解决方案。
③ 熟悉光缆带业务割接的机线配合流程。
④ 熟悉带业务割接机线操作步骤（采用同缆调度）。

【知识准备】

（一）光缆带业务割接的定义

如图 4.7 所示，用一段新光缆替换某一段旧光缆称为光缆带业务割接。光缆带业务割接又称为不中断业务割接，是指利用已有的电信资源通过各种调度方式，避免长时间中断在用业务而进行瞬断（5 分钟内）电信业务的光缆线路割接方式。

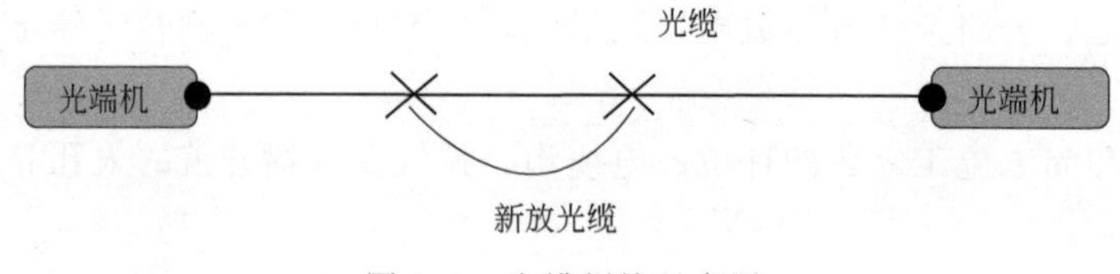

图 4.7　光缆割接示意图

（二）光缆割接不中断业务的三种解决方案

1. 倒纤方案

倒纤方案是光缆带业务割接不中断业务的首选方案，适用于具有备用光缆路由的光缆线路割接。

2. 调电路方案

调电路方案就是将光缆割接过程中受影响的电路调至其他光缆中的电路里，将在用光缆空出后再进行割接。

3. 纵剖方案

纵剖方案就是对没有备用光缆路由，同时电路还不能调出，需要采用光缆纵剖的方法，将介入光缆逐对或逐束管与原光缆进行对接。

纵剖方案又分为以下两类。

(1) 光缆中至少有一个束管的在用光纤可以全部调出的情况。此时可以逐束管将在用光纤调出后，将介入光缆逐束管与原光缆进行对接，这时只要纵剖光缆，不涉及束管纵剖。

(2) 光缆中没有一个束管内在用光纤可以全部调出的情况。此时只能在同束管内的对在用光纤逐对调度，将介入光缆束管与原光缆束管内的光纤进行逐对对接。这种情况下，不但要纵剖光缆，还必须纵剖束管。

（三）割接总体要求

① 树立全程全网观念和服务意识，保障用户电路的质量；

② 基于本地网光缆割接指导要求；

③ 制定可靠的预案，进行充分的沟通；

④ 开展岗位培训工作，制定岗位基本要求；

⑤ 相互学习，共同进步；

⑥ 切实加强机、线及专业间配合，明确各部门的责任和分工。

（四）割接调度人员安排及职责

① 每次割接一般设光缆割接调度总指挥、割接现场指挥、调度指挥各一名；

② 审查光缆线路割接调度方案；

③ 协调解决光缆割接中存在的问题；

④ 处理光缆割接中重大异常事件，并及时向上级主管部门汇报。

（五）割接流程

光缆中开放的业务不能全部调出时的割接流程如图 4.8 所示。

（六）割接调度方案的制定

（1）制定割接方案时应按照以下原则进行（不同情况制定不同方案）。

① 当同路由方向不同缆有空余纤芯时；

② 当同路由方向不同缆有空余波长时；

③ 当同路由方向不具备不同缆空余纤芯（或波长）；

④ 不足以把所有系统都调出时；

⑤ 当不具备或没有足够纤芯（同缆或非同缆）进行纤芯调度时。

（2）线务部门对需进行割接的光缆线路进行查勘，并提出具体、可行的割接方法。填写《光缆割接申请报告》并上报，主要内容如下。

① 割接原因及基本情况概述（名称、位置、时间、方式、原因等）；

② 路由简图（地形、路由走向及长度、标识号等）；

③ 割接方案（详见附件）；

④ 光纤系统开放情况；

⑤ 电路调度方案；

⑥ 人员的具体分工表；

⑦ 割接调度、通信联络方式；

⑧ 光缆光纤割接顺序及操作步骤；

⑨ 旧光缆及介入的新光缆的端面图或纤芯色谱列表；

⑩ 意外应急情况的电路恢复应急方案。

如果在割接过程中发生误操作，引起纤芯中断，必须快速将断纤重新接通；如果割接时多根光纤同时意外中断，则必须先做好纤芯的核对、标记工作，然后再进行接续。

将电路调度方案与人员的具体分工表呈报上级主管部门审批，待批复后执行，其余图表在割接实际操作中使用。

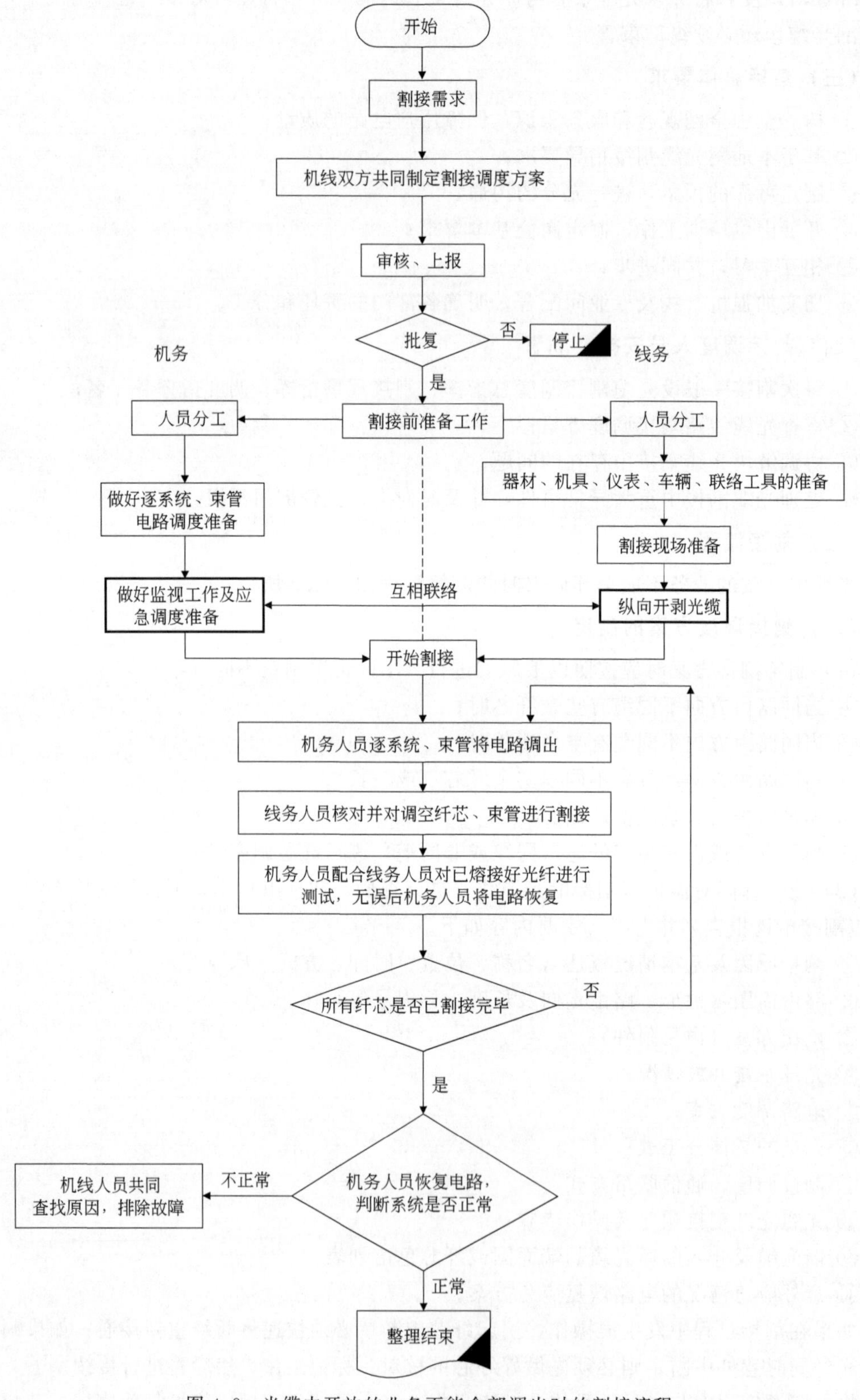

图 4.8　光缆中开放的业务不能全部调出时的割接流程

附件：××光缆线路割接方案

为了配合某地块开发建设，更好地保证××光缆的安全畅通，在前阶段已实施了该段光缆的保护和新光缆敷设等基础工作。现改道工作已基本就绪，详见线路迁改割接示意图（图 4.9），并报上级主管部门批准，决定对线路实施割接。

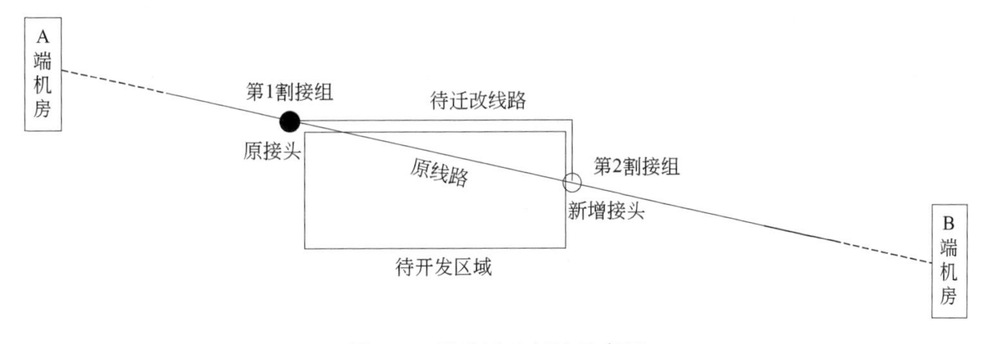

图 4.9　线路迁改割接示意图

1. 割接时间

2019 年 5 月 29 日 10 时～12 时整。

2. 割接地点

①××人孔；②××人孔。

3. 割接准备工作

（1）割接总指挥召集参加割接人员详细研讨割接方案；

（2）××分局做好割接点工作环境布置、照明线路架设、搭临时棚，以及割接时光缆抽放等准备工作；

（3）光缆班准备好图纸、接续器材、照明灯具、工具、仪表等。

4. 技术要求

（1）端别：甲机房为 A 端、乙机房为 B 端。

（2）纤序：本次割接介入不同种类的光缆，但束管和纤序色谱相同，内有 2 个束管，每管 6 根光纤，以蓝色管为第一管，橙色为第二管，管内光纤色谱按蓝、橙、绿、棕、灰、白顺序，光缆管序分别为 1～6 纤（详见表 4.1）。

表 4.1　光纤色谱和光缆管序表

管序	纤序	色标
Ⅰ（蓝）	1	蓝
	2	橙
	3	绿
	4	棕
	5	灰
	6	白

续表

管序	纤序	色标
Ⅱ(橙)	1	蓝
	2	橙
	3	绿
	4	棕
	5	灰
	6	白

(3) 光缆开剥盘纤及装盒按有关规范要求进行。

(4) 光纤接头损耗以 OTDR(1.31μm 波长) 双向测试为准。

(5) 本光缆的 12 纤有 8 纤开放业务，而且不允许中断业务割接，只能进行带业务调纤割接，光缆中继段纤芯系统开放情况见表 4.2。

表 4.2　光缆中继段纤芯系统开放情况表

线路名称：　　　　　　　中继段名称：　　　　　　　光缆纤芯数：

原光缆			系统或光路名称	光设备机型	系统重要级别	备注
纤号	A 机房(色谱、收发)	B 机房(色谱、收发)				
1			DWDM10G-1			重要
2						
3			10G 系统-1			普通
4						
5						
6						
7			DWDM10G-1			重要
8						
9			10G 系统-1			普通
10						
11						
12						

填表人：　　　　　　　填表日期：　　　　　　　联系电话：

5. 割接步骤

(1) 在规定割接时间前，先搭好接续操作台，做好割接准备，并将新光缆单边上架。

(2) 接开始割接通知后，在机房监测下打开原接头盒或纵剖原光缆，再纵剖第一束管，利用光纤识别器和 OTDR 核对、识别备纤 (5、6 纤)。

(3) 进行备纤的割接，经过机房测试合格后，将接好的备用纤芯盘入盘纤盒并做好保护。

(4) 两边机房同步、快速地将带业务纤芯 (1、2 纤) 调到已接好的备用纤芯 (5、6 纤)，并进行传输设备运行状态确认。

(5) 割接组找到所调带业务纤芯 (1、2 纤)，经过机房确认无误后，折断纤芯进行接续，经过两端机房测试合格后，现场将纤芯上盘并保护好。

(6) 两端机房机务人员同步、快速地将系统恢复到原纤芯（1、2纤），注意系统标记。

(7) 观察传输设备运行状态，与调度前状态进行比较，正常则记录割接中断时间，否则调回原调度用备用纤芯，查明原因后方可继续进行。

(8) 重复步骤（4）（5）（6）（7），完成（3、4纤）割接接续工作。

(9) 重复步骤（2）～（8），完成第二束管的割接接续工作。

6. 人员组织和器具安排

详见表4.3所列的带业务割接人员及器具安排。

表4.3　带业务割接人员及器具安排

人员分工	姓名	联系电话	应配备工具、器材	备注
割接总指挥	寿 XX	XXXXXXX7822		
割接调度指挥(机务)	钱 XX	XXXXXXX7916		可兼
割接现场指挥(线务)	何 XX	XXXXXXX7833		可兼
A局机房测试组(主测机房)	吴 XX	XXXXXXX7917		
A局机房调度人员	钱 XX	XXXXXXX7916		
B局机房测试组(协测机房)	石 XX	XXXXXXX5516		机房电话：
B局机房调度人员	尹 XX	XXXXXXX5518		
接头组一	应 XX	XXXXXXX7945		
接头组二	唐 XX	XXXXXXX7920		
后勤人员	张 XX	XXXXXXX7978		

（七）割接前的准备工作

1. 线务人员准备工作

(1) 出发前要带齐各类工具，同时对相应的仪表器具进行必要的检测。

(2) 各接头组在割接开始前一个小时要到工作地点，做好准备工作（包括新光缆的开剥、核对被割接的光缆线路、做好现场的保护和各项安全措施）。

(3) 各测试组要在割接开始前一小时到达机房，确认割接光缆ODF架位置，对尾纤进行核对并标识，同时对备用纤芯进行复测试、核对和登记。

(4) 测试组协同机务人员在做好监视工作及应急调度准备后，通知割接组进行旧光缆的开剥。

2. 机务人员准备工作

（1）通知大客户服务部客户将受影响的电路。

（2）准备好割接所需要的调度尾纤、光衰耗器、法兰盘、简单的光测试仪表、本地维护终端等。

（3）在割接前，接入本地维护终端，观察并记录设备状态。

（4）如果采用同向不同缆空余纤芯进行调度时，机务部门应采用非业务忙时进行调度。

（5）机务人员应在割接前将重要电路迂回调开。

【实训器材】

1. 实训材料

光缆600m、12D光缆接头盒1只、酒精及清洁棉球、热可缩套管24根、塑料保护套管、尾纤8根、12D光缆终端盒2只。

2. 实训工具设备

光缆护层开剥刀2把、卡钳2把、卷尺2把、扳手2把、螺钉旋具2把、束管钳2把、涂覆层剥离钳2把、光纤端面切割刀2把、光纤熔接机2台、光缆纵向开剥刀1把、束管纵向开剥器1把、对讲机5只、OTDR测量仪2台、光源与光功率计4套。

【任务实施】

1. 割接前的准备工作

（1）割接总指挥召集参加割接人员，详细研讨割接方案、人员组织和车辆安排。

（2）××分局做好割接点工作环境布置、照明线路架设、搭临时棚，以及割接时光缆抽放等准备工作。

（3）光缆班准备好接续器材、照明灯具、工具、仪表等。

（4）新光缆的准备：

① 根据接头盒要求量好开剥尺寸，用记号笔在开剥处做好标记；

② 在开剥前应根据所使用的接头盒，在新光缆上套上附属设备（如热缩管、密封圈和密封胶）；

③ 在标记处横向旋转切割，并擸去新光缆的外护层；

④ 剪断加强钢丝；

⑤ 按接头盒要求预留适当长度的加强芯；

⑥ 清洁束管，并将新缆固定在接头盒内；

⑦ 开剥束管、清洁光纤并进行标识；

⑧ 在规定割接时间前先搭好接续操作台，做好割接准备，并将新光缆单边上架。

（5）老光缆的准备

① 老光缆的识别：

② 观察光缆有无区别，仔细核对光缆的标牌、光缆护套上的型号等标记；

③ 可借助“光缆路由探位仪”进行判断；

④ 当割接点在接头位置时，可以将待割接光缆接头盒取出放在操作台上，并清洗干净；

⑤ 割接点不在接头盒位置时，可以对在用光缆外护层进行清洁，量好开剥尺寸，并做

好标记；

⑥ 用横向在线割接刀在光缆的割接处做标记。

（6）建立联络系统。选用各种联络工具与机房建立联络系统，确保在割接中的通信畅通，主要通信工具如下：

① 卫星电话；

② 固定话机；

③ 对讲机；

④ 手机。

2. 割接实施

（1）机务人员接入本地维护终端，对设备割接前的状态进行观察与记录。

（2）机房测试组建立通信联系，进行备纤、尾纤的核对与识别。

（3）机房测试组对备用纤芯进行复测试、核对和登记。

（4）接到开始割接通知后，指挥接头组对在用光缆进行开剥，在机房监测下打开原接头盒或纵剖原光缆，再纵剖第一束管，利用光纤识别器和 OTDR 核对、识别备纤（5、6 纤），进行备纤的割接，经过机房测试合格后，将接好的备用纤芯盘入盘纤盒并做好保护。

（5）两边机房同步、快速地将带业务纤芯（1、2 纤）调至已接好的备用纤芯（5、6 纤），如图 4.10 所示，并进行传输设备运行状态确认。

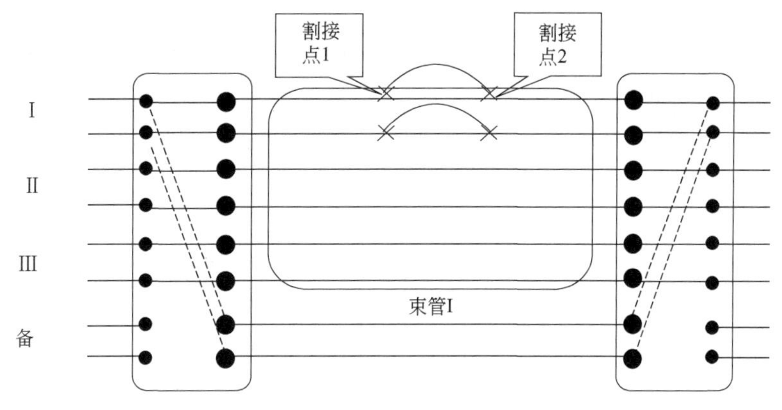

图 4.10　纵剖束管割接业务调度示意图

（6）割接组找到所调带业务纤芯（1、2 纤），经过机房确认无误后，折断纤芯进行接续，经过两端机房测试合格后，现场将纤芯上盘并保护好。纵剖割接点现场如图 4.11 所示。

（7）两端机房机务人员同步、快速地将系统恢复到原纤芯（1、2 纤），注意系统标记。

（8）观察传输设备运行状态，与调度前状态进行比较，正常则记录割接中断时间，否则调回原调度用备用纤芯，查明原因后方可继续进行。

（9）重复步骤（4）、（5）、（6）、（7），完成（3、4 纤）割接接续工作。

（10）重复步骤（2）～（8），完成第二束管的割接接续工作。若在该步骤中不慎伤断纤芯，影响在用电路时应立即抢通电路，待电路恢复正常后，再进行下一步工作。

（11）证实电路恢复正常后，才可以进行接头盒封盒。

图 4.11　纵剖割接点现场

① 设备告警灯是否正常；

② 利用本地维护终端，对设备做进一步的告警及性能观察；

③ 利用传输仪表或询问客户等方式，确认业务电路及系统恢复情况；

④ 利用网管对系统的恢复情况进行确认。

(12) 机务部门在割接过程中应注意执行通传汇报制度。

(13) 在割接后系统无法正常恢复时，机务部门要配合线路部门查找原因，并启动调度方案或应急调度方案。

(14) 机务人员确认系统全部正常，经调度指挥同意后，通知割接现场指挥进行接头盒封盒、安装固定，清理现场完成割接。

(15) 在割接完成后 3 个工作日内，将光缆纤芯性能测试结果录入相关系统中。

【实训质量要求】

要按照割接方案进行割接工作，不超时，不因割接产生新的光纤故障。光缆割接后布放应合理，光缆的弯曲半径应不小于 15 倍缆径。不能因弯曲半径过小而使损耗增大。光缆线路割接时单模光纤的平均接头损耗应不大于 0.1dB/个。

【实训小结】

光缆割接是一项系统性的工作，涉及多个部门，工作中要加强各部门的配合协作，服从指挥。要做好充分的准备工作，同时作业人员也要有过硬的操作技能，熟悉相关理论，只有这样才能顺利完成割接任务。

【思考题】

(1) 不中断业务光缆割接方法有哪几种？

(2) 简述光缆带业务割接的具体操作步骤。

参考文献

[1] 叶柏林，等．通信线路实训教程．北京：人民邮电出版社，2006.
[2] 陈海涛．光纤通信技术及应用．2版．北京：人民邮电出版社，2009.
[3] 孙青华．光电缆线务工程（上、下）．北京：人民邮电出版社，2010.
[4] 王岩，等．光传输与光接入技术．北京：清华大学出版社，2018.
[5] 方志豪，朱秋萍，方锐．光纤通信原理与应用．3版．北京：电子工业出版社，2019.